경주 남산

문화재
속속들이
시리즈
2

경주 남산

문화재
속속들이
시리즈
②

김환대 지음

한국학술정보(주)

신라 천 년 서라벌의 역사를 품에 가득 안고 있는 남산은 산 자체가 노천 박물관이며 불교 문화유적지로 자연 속에서 늘 같이하던 신라인들의 염원이 깃든 불교의 성지(聖地)로서 신라 왕조의 영산(靈山)이다. 경주평야 남쪽에 우뚝 솟아 있으며 고위산(494m)과 금오산(468m) 두 개의 봉우리가 솟아 있고 신라 심장부와 같은 남산성은 옛 당시 서라벌을 지키는 역할을 담당하기도 하였다. 신라인들의 불국토 염원을 가득 담은 산으로 50여 개가 넘는 많은 계곡에는 숱한 사연과 전설을 지닌 불상과 탑, 절터 등이 흩어져 있다. 산 전체가 자연과 신앙이 일체되어 독특한 분위기를 자아내고 있으며 일부 유적은 일찍이 박물관으로 옮겨져 있다.

누군가 한국 불교의 원류를 찾고 싶다면 경주 남산에 가 보라는 말이 있을 정도로 경주 남산은 신라의 천 년 흥망성쇠(興亡盛衰)의 자취가 남아 있는데 시조 박혁거세(朴赫居世)의 탄생 설화가 있는 경주 나정(蘿井)을 비롯해 신라 최초의 궁궐터인 창림사지(昌林寺址), 경애왕이 최후를 맞은 곳으로 알려져 신라의 종말을 상징하는 포석정지(鮑石亭址)가 있다.

신라 시조 박혁거세의 묘를 비롯하여 초기 박씨 왕릉인 오릉(五陵)과 신라 마지막 왕들인 신덕왕, 경명왕, 경애왕의 왕릉이 남산 자락에 있다. 조선시대 김시습이 기거하면서 『금오신화(金鰲新話)』를 썼다는 용장사지(茸長寺址)도 경주 남산 유적지에서 빼놓을 수 없다.

경주 남산에는 많은 유적이 있는 만큼 그동안 소개한 책도 많았으나 이 책은 경주 남산의 유적지 현장을 여러 차례 다니면서 재확인하고 골짜기별로 나누어 정리하였다. 또 그동안 잘 알려지지 않은 비지정 유적과 복원된 석탑, 새로 발견된 불상 등 달라진 최근의 연구 성과를 반영하였다. 늘 찾으면 유적이 새롭게 보이듯이 남산은 꾸준히 찾아야 새로운 안목으로 볼 수 있는 문화재들이 많으며 세계문화유산으로 등록된 산으로 근래 들어 훼손 부분들이 많이 늘어나 아끼고 가꾸어 나아가야 하겠다. 평범한 산이지만 땅 위에 옮겨진 부처님의 나라라 생각하던 신라인들의 마음으로 남산을 오르고 또 오른다.

사진 자료를 협조해 주신 김희권 님, 권희수 님, 한인식 님과 답사에 많은 도움을 주신 이상령 님 그리고 주위에서 성원과 조언을 아끼시지 않은 문화유적답사 동호인 여러분들과 출판사 관계자분들께 지면을 통해서나마 깊은 감사를 드린다.

2010. 9.
김환대

Contents

왕정골사지(王井谷寺址) ▌11

왕정골사지 석조여래입상(石造如來立像) ▌12

상서장(上書莊) ▌14

절골(寺谷) ▌15

불곡(佛谷) ▌16

탑곡(塔谷) ▌18

미륵골(彌勒谷) ▌31

남산동 석조감실(石造龕室) ▌34

장창곡(長倉谷) 미륵 삼존불 ▌35

남산신성(南山新城) ▌37

헌강왕릉(憲康王陵) ▌39

정강왕릉(定康王陵) ▌40

통일전(統一殿) ▌41

서출지(書出池) ▌42

남산리 삼층석탑 ▌44

염불사지(念佛寺址) ▌47

철와곡(鐵瓦谷) ▌49

오산곡(鰲山谷) ▌51

개선사지(開善寺址) 석조 약사여래입상 ▌52

국사곡(國師谷) ▌53

금송정(琴松亭) ▌58

지암곡(地巖谷) ▌59

승소곡(僧燒谷) ▌64

천동골(千洞谷) ▌67

봉화곡(烽火谷) ▌69

신선암 마애보살반가상(神仙庵 磨崖菩薩半跏像) ▌75

식혜곡 김호 장군 고택(識慧谷 金虎將軍 古宅) ▌77

사제사지(四祭寺址) ▌79

나정(蘿井) ▌80

양산재(楊山齋) ▌82

남간사지(南澗寺址) ▌83

남간사지 당간지주(幢竿支柱) ▌84

남간사지 석정(石井) ▌85

천은사지(天恩寺址) ▌86

일성왕릉(逸聖王陵) ▌87

창림사지(昌林寺址) ▌88

포석정지(砲石亭址) ▌93

지마왕릉(祗摩王陵) ▌95

기암골 사지(碁巖谷 寺址) ▌96

윤을곡 마애불좌상(潤乙谷 磨崖佛坐像) ▌97

부엉골 마애여래좌상(富興谷 磨崖如來坐像) ▌99

능비봉 일대 절터 ▌101

선방곡(禪房谷) ▌103

석조 관음보살입상(石造 觀音菩薩立像) ▌106

선각여래입상(線刻如來立像) ▌107

삼불사 석탑과 망월사 석탑 ▌108

Contents

삼릉(三稜) ▌110

경애왕릉(景哀王陵) ▌111

삼릉계곡 입구 절터 ▌112

머리 없는 석불좌상 ▌113

마애 관음보살입상(磨崖 觀音菩薩立像) ▌114

삼릉계곡 선각육존불(線刻六尊佛) ▌115

삼릉계곡 선각여래좌상(線刻如來坐像) ▌117

삼릉계곡 선각마애불(線刻磨崖佛) ▌118

삼릉계곡 석조 약사여래좌상(藥師如來坐像) ▌119

삼릉계곡 석불좌상(石佛坐像) ▌120

삼릉계곡 삼층석탑 ▌122

삼릉계곡 선각보살입상(線刻菩薩立像) ▌123

삼릉계곡 마애석가여래좌상(磨崖釋迦如來坐像) ▌124

상선암 마애선각여래좌상 ▌126

상사암(想思岩)과 석불입상 ▌127

입곡(笠谷) ▌128

입곡 입구 광배편 ▌130

약수계곡 마애입불상(藥水溪谷 磨崖立佛像) ▌131

석조여래좌상 ▌133

비파곡(琵琶谷) ▌134

용장계곡 열반곡(涅槃谷) ▌135

용장계곡 법당골(法堂谷) ▌137

용장계곡 절골(寺谷) ▌138

석조 약사여래좌상 ▌139

석불두(石佛頭) ▌140

용장계곡 탑상골(塔上谷) ▌141

용장계곡 은적골(隱寂谷) ▌145

대연화대(蓮花臺) ▌146

틈수골 와룡사(臥龍寺) ▌148

천룡골 천룡사지(天龍寺址) ▌149

양조암골(陽朝庵谷) 일대 ▌153

열암곡 석불좌상(列岩谷 石佛坐像) ▌156

마애불상(磨崖佛像) ▌158

침식곡 석불좌상(寢息谷 石佛坐像) ▌160

별천룡골(別天龍谷) ▌162

감문왕(甘文王) 정씨 시조묘 주변 석탑재 ▌164

마석산(磨石山) 삼층석탑 ▌165

마석산 전북명사지(磨石山 傳北㮗寺址) 석탑재 ▌166

백운대 마애불입상(白雲臺 磨崖佛立像) ▌167

부 록 • 169

　경주 남산 개관 ▌171

　경주 남산 답사안내 ▌172

참고문헌 • 176

왕정골사지
王井谷寺址

왕정골은 월성(月城) 앞의 골짜기로 도당산 동편에 있으며 궁궐에서 사용하던 우물이 남아 있어 왕정골이라고 불린다고 한다. 현재 민묘 주변이 절터로 추정되는데, 노출된 것은 석탑 지붕돌 1매와 하층 기단 갑석 등이 있다. 2000년 이전까지는 1층 지붕돌과 2층 지붕돌이 있었으나 현재는 1층 지붕돌만 남아 있다. 이미 일제강점기에 조사되었고, 현재 남아 있는 석탑의 지붕돌로 보아 8세기 전성기의 탑이 있었던 것으로 추정된다.

왕정골사지 석조여래입상
石造如來立像

　이 불상은 출토지가 명확하지 않아 어느 절터에서 옮겨진 것으로 추정되었으나 근래 발간된 자료에는 왕정골에서 출토되었다고 하며 현재 국립경주박물관 미술관 전시실에 있다.

　몸과 광배(光背)가 한 돌에 다 조성되었으며 거의 완전한 형태로 다 남아 있다. 머리는 나발(螺髮)이며 이마에는 큰 구멍인 백호가 표현되었고 목에는 삼도(三道)가 있다. 약간 살이 오른 얼굴은 탄력감이 있으며 옷주름은 삼국시대 불상에서 볼 수없는 특징으로 사실성이 강조된 당나라의 불상 영향을 받았다.

　오른손은 손등을 밖으로 향하고 가슴 부근에 댄 설법인(說法印)을 하고 있는 것으로 보이며 왼손은 손바닥을 내보이며 배에 대고 있어 특이한 모양이다. 옷 주름 표현이나 가는 허리 등 조각 수법으로 보아 8세기 초의 작품으로 추정된다.

　현재 동국대학교박물관에 이 석불입상과 비슷한 석불입상이 소장되어 있다.

상서장 上書莊

왕정골의 남쪽에 있으며, 신라 시대 문장가 최치원(崔致遠)이 임금에게 글을 올리던 집이라 전해진다. 최치원과 관련된 유적지는 전국에 남아 있으며 경주에는 상서장과 낭산 자락에 독서당이 남아 전하고 있다. 최치원은 12세 때 경문왕 8년(868) 중국 당나라에 유학하고, 18세에 과거에 급제하여 벼슬하였다. 헌강왕 11년(885) 귀국하여 어지러운 국정을 바로잡는 데 애썼고 38세인 진성여왕 8년(894)에 시무십조(時務十條)를 올린 것으로 유명하다.

고려 현종 때는 최치원의 학문과 곧은 성품을 높이 평가하여 문창후(文昌侯)에 추봉하고 공자묘에 배향하도록 했다. 이때부터 최치원이 머물며 공부하던 곳을 '임금에게 글을 올린 집'이라는 뜻으로 상서장이라 부르기 시작했다. 이곳에는 문창후최선생상서장비(文昌侯崔先生上書莊碑)가 세워져 있고, 영정각(影幀閣), 상서장, 추모문(追慕門) 등이 있다. 2005년 보수하였고 경상북도 기념물 제46호로 지정되어 있다.

절끌 寺谷

절골은 국립경주박물관 뒤편 해맞이마을과 음지마을 뒤편 북쪽
능선 아래에 있다. 현재는 원형의 주초석과 탑재가 남아 있는데, 넓
은 경작지와 민묘가 주변에 조성되어 있으며, 이미 일제강점기 때
조사가 이루어진 곳이다.

불곡
佛谷

  남산 동쪽 기슭에 있는 불곡은 골짜기에 부처님이 계시기 때문에 붙여진 이름으로 이곳에는 바위에 깊이가 1m나 되는 석굴을 파고 만든 마애여래좌상이 있다.

  불상의 머리는 두건을 덮어쓴 것 같은데 이것은 귀 부분까지 덮고 있다. 얼굴은 둥글하고 약간 숙여져 있으며, 은행 알같이 부은 듯한 눈과 입가에서는 약간 미소가 번지고 있다. 자세가 다소 여성적이다. 양 어깨에 걸쳐 입은 옷은 아래로 길게 흘러내려 대좌까지 덮고 있는데, 옷자락이 물결무늬처럼 부드럽게 조각되어 있다. 손은 두 손을 모아 소매 속에 넣어 형태를 정확히 알 수 없다.

  경주 남산에 남아 있는 신라 석불 가운데 오래된 것으로 삼국시대 후기 고신라 말 7세기경에 만들어진 것으로 추정된다. 일부 학자는 승가대사상일 가능성도 제시하며 다소 시기를 더 늦추어 추정하기도 하며 보물 제198호로 지정되어 있다. 2000년, 주변을 정비하였다.

탑곡 塔谷

탑곡은 부처골에서 남쪽으로 약 300여 미터 정도 떨어진 곳으로 현재 옥룡암이란 절이 자리 잡은 일대이다. 마을 입구에는 월정사란 절이 있고 뒤편으로 약 50여 미터 정도 떨어진 산 중턱의 큰 암벽에 전체적으로 마멸이 심하고 선각으로 새겨진 마애조상군이 있다. 인근에 마애조상군이 있어 이곳은 편의상 배반동 마애조상군이라 부른다. 1994년 12월 학계에 처음으로 알려지기 시작했는데 당시 신라문화동인회 회원들이 조사하였다. 주로 남쪽 면에 조각이 많이 되어 있는데, 불상이 10여 구 보인다고 하나 현장에서는 잘 보이지 않는다. 특이하게 남동 면에는 전각 속에 좌불상이 새겨져 있고 오층목탑 형태도 보인다. 남서 면에는 마애삼존불이 경사지게 절반 이상 깨어져 나간 상태로 있다. 전체적으로 마멸이 심하나 탑곡 마애조상군처럼 바위 사면에 다 조각을 새긴 듯하다.

남동면에는 목탑 1기와 불상 10구가 조각되어 있는데, 향좌측 가장자리의 불상은 기와집처럼 보이는 천개장식 아래 앉아있는 상이다. 이 불상의 왼쪽 아래에는 보리수가 새겨져 있다. 향우측 첫 번째 불상의 좌측아래에는 3구의 불상이 새겨져 있으나 마멸이 심하다.

향좌측에는 목탑 1기와 불상 6구가 선각되어 있다. 전체적으로 각기 다른 시기에 제작되었을 가능성도 있으며 9세기 이후에 작품으로 추정된다.

2010년 1월 17일, 가로 4m, 세로 2m의 큰 바위 표면에 선각으로 옷자락과 광배, 대좌 등이 표현된 선각 마애불좌상이 필자에 의해 발견되었다.

　탑곡에서 장창곡 방향으로 가다 보면 미완성 마애불(미장불)이 있
다. 다리 부분에 사람 얼굴 2구가, 배 허리 부분에 글자 11자와 우측
다리 하부 부분에 선각이 있다. 우편 귀 부분에서 우측으로 바위 옆
면에는 구멍이 보인다.

미장불이란?

석재를 다듬고 그 위에 점토와 회를 사용하여 깨끗하게 한 후 물감을 입힌 불상이다.

탑곡 마애불상군

현재 옥룡암이 있는 곳으로 일제강점기에 오사카긴타로라는 사람이 이곳에서 신인사(神印寺)라는 명문이 새겨진 기와편을 발견하여 그때부터 신인사라고 불리나 확실히 단정 짓기는 어렵다. 옥룡암에는 대웅전, 산신각, 칠성각과 소림정사가 있으며, 이곳에는 탑재들과 통일신라시대 초석들이 보인다.

　보물 제201호로 지정된 탑곡 마애불상군은 9m가 넘는 큰 사각형
의 바위에 조각이 회화적으로 묘사되어 있다. 정면에 보이는 면이
북면인데 동·서로 쌍탑이 조각되어 있다. 동탑은 9층탑이며, 서탑
은 7층탑이다.

　두 탑은 모두 처마 끝에 풍탁(風鐸)을 달았으며, 13단의 위에는 수
연(水煙)과 보주(寶珠) 등 상륜부가 얹혀 있다. 양 탑 아래에는 암수
사자 한 쌍을 조각하였는데, 뛰고 있는 자세를 잘 포착하여 생동감
있게 표현하였다.

　두 탑 사이에 동면과 서면의 본존불과 흡사한 불상이 연화좌 위에
조각되어 있고 불상의 머리 위에는 천개(天蓋)가 새겨져 있다. 또한
동탑 위에는 비천상 2구가 새겨져 있으나 일반 육안으로는 잘 확인
되지 않는다.

　동면(東面)에는 갈라진 세 개의 바위로 구성되어 있는데, 제일 큰 바위 면에는 연화대좌 위에 본존불과 왼쪽에 합장(合掌)한 보살상이 있으며, 그 아래에 향로를 공양하고 있는 승상(僧像)이 있다. 이들의 주위로 7구의 비천상(飛天像)이 표현되어 있다.

　본존은 미소를 머금은 둥근 얼굴로 거친 법의(法衣) 표현과 손을 가리는 옷자락, 연화좌와 연화문, 둥근 두광 등은 다른 상들과 공통된 수법이다. 약간 백제 조각자의 숨결도 느껴지는 듯 유려하고 라인이 다소 신라적인 요소가 엿보이지 않는다.

　그 남쪽의 작은 바위 면에는 두 그루의 나무 아래 본존과 비슷한 승려좌상이 새겨져 있고, 그 옆에는 금강역사상이 조각되어 있으나 마모가 심해 윤곽이 명확하지 않다.

남쪽은 다른 3면에 비해서 훨씬 높은 대지인데, 여기에는 목조 건물 유구들이 일부 남아 있다. 1977년 복원된 고려시대 삼층석탑이 있다.

남면 암의 동쪽에는 4각형 감실을 마련하고 삼존을 조각하였다. 본존은 웃고 있는 둥근 얼굴, 부드럽게 흐르는 어깨의 선은 표현이 잘되어 있다. 특히 왼쪽 보살은 본존에게 무엇인가 은밀히 속삭이듯 귓속말을 듣는 시늉을 하고 있다. 이 불상들의 광배는 원형 두광이며 대좌는 연화대이다. 모두 전체적으로 바위 면에 채색의 흔적이 그대로 남아 있어 당시의 화려함을 엿볼 수 있다. 왼쪽 암면의 하단부에도 형식적 감을 파고 다소 미완성처럼 보이는 여래상을 조각했다. 그 앞의 바닥 바위에도 승형을 조각했는데 우아한 얼굴이다. 오른쪽 여래상 앞에는 독립상으로 보살입상이 서 있는데 배 앞에 손을 대고 있어 약사불이나 임산불이라고도 불린다. 볼륨감 있는 신체표현은 조각이 아주 우수함을 알 수 있다.

서면에는 동면 본존과 흡사한 여래좌상이 있는데, 다른 삼면과 달리 보주형 두광이 있다. 양옆에 두 그루의 보리수나무가 있고, 두광 위에는 비천상이 새겨져 있다.

종합하여 보면 북쪽 면에는 마주 선 7층탑과 9층탑 사이에 석가여래가 연꽃 위에 앉아 있고, 머리 위로 천개가 새겨져 있고 비천상 2구가 있다. 탑 밑에는 사자 두 마리가 새겨져 있다. 동쪽 면에는 가운데 여래상이 새겨져 있고, 주위에는 비천상(飛天像), 승려상, 보살상(菩薩像), 금강역사상(金剛力士像) 등이 새겨져 있다.

남쪽 면에는 삼존불을 정답게 표현했고, 그 옆에는 독립된 여래상이 있으며, 승려상도 새겨져 있다. 서쪽 면에는 능수버들과 대나무 사이에 여래좌상이 새겨져 있다.

이와 같이 여러 상이 한자리에 새겨진 예는 보기 드문 일이며, 지금까지 조사한 자료에 의하면 총 36점의 도상이 확인되고 있다.

이 불상군이 조성된 제작 시기에 대해서는 7세기설과 9세기설 등 학자 간의 견해차가 있다.

미륵꼴
彌勒谷

　보리사(菩提寺)가 있고 입구 남쪽 산등성의 암벽에는 마애불이 있는데 경상북도 유형문화재 제193호로 지정되어 있다. 이 마애불은 높이 2m의 바위벽에 새긴 것으로 바위벽을 파 높이 1.5m의 공간을 만들고 그 안에 작은 부처를 도드라지게 새겼다.

　양쪽 뺨 가득히 자비 넘치는 미소를 간직하고 앉아 있는 불상은 조각수법이 다소 거친 편이다. 특히 위에서 아래로 내려갈수록 선을 그은 것처럼 얕게 새긴 조각수법을 나타낸다. 통일신라 후기 9세기 후반에 만들어진 것으로 추정된다. 발아래가 급경사로 되어 있어 전체적으로 볼 때 하늘에 떠 있는 느낌을 준다. 입구에 이정표는 있으나 처음 가는 이들은 다소 찾기가 어렵다.

미륵곡 석불좌상은 보리사 석조여래좌상이라고도 불린다. 현재 경주 남산에 있는 신라시대의 석불 가운데 가장 완벽하게 잘 남아 있다. 석굴암 본존불 형식을 따르고 있으며, 광배와 대좌를 모두 갖추고 있다. 둥근 얼굴에서는 은은하게 웃음을 자아내고 목에는 삼도(三道)가 있고, 옷은 양 어깨를 감싸고 있으며, 군데군데 평행한 옷 주름을 새겨 넣었다. 손 모양은 오른손을 무릎 위에 올려 손끝이 아래로 향하고 왼손은 배 부분에 대고 있는 항마촉지인(降魔觸地印)이다. 광배(光背)는 매우 장식적인데, 두광과 신광을 중심으로 중간 중간 여러 장식을 두르고, 광배 안에는 작은 부처(화불)와 보상화·덩굴무늬가 화려하게 새겨져 있다.

밖으로는 활활 타오르는 화염무늬를 새겨 넣었다. 광배 윗부분은 후대에 새로 조성하였다. 광배 뒷면에는 특이하게 약사여래불을 가느다란 선각으로 새겨 놓았는데, 소발의 머리에 육계가 놓여 있으며,

귀는 길게 늘어져 어깨에까지 닿고 있다. 얼굴은 전체적으로 마멸이 심하여 자세히 알 수가 없다. 목에는 삼도(三道)가 새겨져 있으며, 통견의 법의는 얇아 신체를 유려하게 감싸고 있는 듯하다. 손 모양은 오른손이 가슴부위까지 들어 손바닥을 밖으로 향하게 하고 있으며, 왼손은 무릎 위에 놓고 손바닥 위에 약호를 얹고 있다.

광배 뒷면에 이러한 형식은 경남 밀양 무봉사 석불좌상이나 경북대 박물관 불상 광배, 전북대 봉림사지 석불좌상, 전북 남원 만복사지 석불입상 등에서 볼 수 있는 특이한 예이다. 2000년에 오른쪽 아래에서 비천상이 추가로 발견되었다. 보물 제136호로 지정되어 있다.

남산동 석조감실
石造龕室

현재 화랑교육원 내에 있다. 자연 판석으로 조성한 석조감실인데, 내부는 마멸이 심한 연화대좌가 있으며, 통일신라시대에 불상이 안치되었다고 전해진다. 감실은 밑받침돌 위로 양쪽 옆면과 뒷면을 높이 세운 뒤 위로 덮개돌을 얹어 앞쪽을 트이게 하여 인공석굴 형태를 보여 주고 있다. 경상북도 문화재자료 제6호로 지정되어 있다.

장창곡 미륵 삼존불
長倉谷

　이 일대에는 남산 신성이 있는데, 특히 이곳에서는 현재 국립경주
박물관 미술관에 전시 중인 석조 미륵삼존불(삼화령미륵세존)이 1925
년 이곳의 한 석실에서 출토되어 옮겨졌다.

　모습이 천진난만한 아기의 모습과 같아 흔히 애기부처로도 불린
다. 삼존불이나 협시보살상은 일제강점기와 비슷한 시기에 아랫마을
에서 따로 발견되어 함께 모셨다.

본존불은 삼국시대 특징인 미소를 머금고 있으며 아주 드물게 의좌에 앉은 자세이다. 전체적으로 몸에 비하여 머리와 손발이 큰 편이다. 두광은 안쪽을 연꽃으로 장식하였고, 삼도는 보이지 않으며 귀는 양쪽 어깨까지 내려와 있다. 가슴에는 희미하게나마 '卍' 자를 표현하였다. 양쪽 협시보살상 역시 얼굴에는 미소를 머금고 있다. 우협시보살상은 머리에 삼면관을 썼으며, 목에는 목걸이를 걸치고 있다. 왼손은 위로 들어 연꽃 봉오리를 쥐고 있는 듯하며, 오른손은 줄기를 감싸고 있다. 좌협시보살상은 우협시보살상과 동일한 조각수법을 보이고 있다. 두 협시보살상은 삼굴 자세를 취하고 있다. 조각수법으로 보아 7세기 중엽의 작품으로 추정된다. 이 불상을 충담스님이 미륵세존에게 차를 공양하였다는 삼화령의 생의사 미륵불로 추정하기도 한다.

남산신성
南山新城

경주 남산의 북쪽에 있는 신라시대 산성으로 남산성이라고도 한다. 신라 진평왕 13년(591)에 쌓았다고 전해지며, 문무왕 19년(679)에 성을 크게 고쳐 쌓았는데, 지금 성벽이 잘 남아 있는 부분은 이때 쌓은 것으로 보인다. 문무왕 3년(663)에는 성 안에 3개의 커다란 창고를 설치하여 무기와 식량을 저장하고 전쟁에 대비하였다.

성 부근에서 발견된 남산신성비에는 '전국에서 사람들이 모여와 일정한 길이의 성벽을 맡아 쌓았으며, 만일 3년 이내에 성벽이 무너지면 벌을 받을 것'이라는 서약의 글과 함께 관계한 사람들의 벼슬·성명·출신지가 새겨져 있다.

남산 신성비는 1934년 제1비를 시작으로 2000년까지 모두 열 개가 발견됐는데, 축성과 관련된 이두문과 축성인이 적혀 있다.

『삼국사기』와 『삼국유사』에 따르면 남산신성은 전체적인 규모가 2,854보(步)로 기록되어 있다. 1999년 국립경주문화재연구소의 측량에 의하여 4,850미터가 된다는 사실이 밝혀졌다. 사적 제22호로 지정되어 있다.

남산신성 관련 기록 『삼국사기』 권 제4 신라본기 4 진평왕 13년

(591) 가을 7월에 남산성(南山城)을 쌓았는데, 둘레가 2,854보였다.『삼국유사』권 제2 기이 제2 문무왕 법민 남산(南山)에 장창(長倉)을 설치하니, 길이가 50보(步), 너비가 15보(步)로 미곡(米穀)과 병기(兵器)를 여기에 쌓아 두니 이것이 우창(右倉)이요, 천은사(天恩寺) 서북쪽 산 위에 있는 것은 좌창(左倉)이다. 건복(建福) 8년 신해(辛亥, 591)에 남산성(南山城)을 쌓았는데 그 둘레가 2,850보(步)라 했다.『대동지지』권 7 경상도 경주 성지조에는 성의 둘레가 7,544척이라 기록되어 있다. 남산신성은 윤을곡 마애삼존불과 일성왕릉, 상서장, 절골, 탑곡 등 접근하는 방법은 여러 곳에 걸쳐 있다.

헌강왕릉
憲康王陵

　신라 제49대 헌강왕(875~886)은 본명이 김정(金晸)이고 경문왕(景文王)의 장자이며, 왕비는 의명부인(懿明夫人)이다. 왕위에 있는 동안 태평성대를 이루었는데, 거리마다 노랫소리가 끊이지 않았고 일본왕이 황금을 바칠 정도였다고 한다.

　왕릉은 원형 봉토분으로 무덤 밑 둘레에 돌을 4단으로 쌓았다. 1993년 우기(雨期)에 석실 개석(蓋石)과 벽 일부가 내려앉아 내부의 긴급 수습 조사를 거쳐 복원되었다. 『삼국사기』에 보리사(菩提寺) 동남쪽에 장사 지냈다고 되어 있다. 사적 제187호로 지정되어 있다.

정강왕릉
定康王陵

　　신라 제50대 정강왕(886~887)은 본명이 김황(金晃)이고, 경문왕(景文王)의 둘째 아들로 형인 헌강왕에 이어 886년 7월에 왕위에 올랐으나, 887년 7월에 병으로 죽어 왕위에 있던 기간이 만 1년밖에 되지 않았다. 왕릉은 흙으로 덮은 원형 봉토분으로, 무덤을 보호하기 위해 밑 둘레에 3단으로 돌을 쌓았다. 그중 제일 밑단만이 밖으로 약간 나왔으며, 무덤의 구조는 헌강왕릉과 같은 것으로 추정된다. 『삼국사기』에 보리사(菩提寺)의 동남쪽에 장사 지냈다고 한다. 사적 제186호로 지정되어 있다.

통일전
統一殿

　통일전은 신라가 660년 백제를 병합하고 668년 고구려를 통합하여 우리 역사상 단일민족 국가를 형성하고 삼국통일을 하여 삼국의 문화를 융합하여 황금문화 시기를 열었다.

　1977년 고 박정희 대통령에 의하여 세워진 건물로 내부에는 29대 태종무열왕, 30대 문무왕, 김유신 장군의 영정이 모셔져 있다. 회랑에는 여러 전쟁에 관한 민족기록화 17점도 전시되어 있다.

서출지
書出池

　서출지는 다음과 같은 이야기가 전해진다. 신라 제21대 소지왕(炤智王)이 즉위한 10년 무진(戊辰, 488)에 천천정(天泉亭)에 거동했다. 이때 까마귀와 쥐가 와서 울더니 쥐가 사람의 말로, "이 까마귀가 가는 곳을 찾아가 보시오" 하였다. 괴상히 여겨 돌아와 점을 쳐 보니 "내일 제일 먼저 우는 까마귀를 따라가 찾아보라."라고 했다 한다. 왕은 기사(騎士)에게 명하여 까마귀를 따르게 했다. 남쪽 피촌[避村, 지금의 양피사촌(壤避寺村)이니 남산 동쪽 기슭에 있다]에 이르러 보니 돼지 두 마리가 싸우고 있다. 이것을 한참 쳐다보고 있다가 문득 까마귀가 날아간 곳을 잃어버리고 길에서 서성거리고 있었다. 이때 한 늙은이가 못 속에서 나와 글을 올렸는데, 그 글 겉봉에는, "이 글을 떼어 보면 두 사람이 죽을 것이요, 떼어 보지 않으면 한 사람이 죽을 것입니다." 했다. 기사(騎士)가 돌아와 소지왕에게 바치니 왕은 말한다. "두 사람을 죽게 하느니보다는 차라리 떼어 보지 않아 한 사람만 죽게 하는 것이 낫겠다." 이때 일관(日官)이 아뢰었다. "두 사람이라 한 것은 서민(庶民)을 말한 것이요, 한 사람이란 바로 왕을 말한 것입니다." 왕이 그 말을 옳게 여겨 글을 떼어 보니 "금갑(琴匣)을 쏘라[射琴匣]."라고 했

을 뿐이다. 왕은 곧 궁중으로 들어가 거문고 갑(匣)을 쏘았다. 그 거문
고 갑 속에는 내전(內殿)에서 분향수도(焚香修道) 하고 있던 중이 궁
주(宮主)와 은밀히 간통(奸通)하고 있었다. 이에 두 사람을 사형에 처
했다. 이런 일이 있은 뒤로 그 나라 풍속에 해마다 정월 상해(上亥)·
상자(上子)·상오일(上午日)에는 모든 일을 조심하여 하고, 감히 움직
이지 않았다. 그리고 15일을 오기일(烏忌日)이라 하여 찰밥을 지어 제
사 지냈으나 이런 일은 지금까지도 계속 행해지고 있다. 노인이 나온
못을 이름하여 서출지(書出池)라고 했다. 현재 연못가에는 조선 현종 5
년(1664)에 임적이란 사람이 지은 이요당(二樂堂)이라는 정자 건물이
있고 이곳에는 절터에서 옮겨진 통일신라시대의 각종 석조 부재들이
있다. 야간에는 조명이 설치되어 있어 또 다른 장관을 연출한다. 사적
제138호로 지정되어 있다. 서출지의 위치에 대해서 일부 사람들은 여
기가 아니고 조금 떨어진 연못을 말하는 이들도 있다.

남산리 삼층석탑

서출지를 지나 칠불암으로 향하는 길로 가다 보면 길가에 현재 불탑사란 절이 있고 앞에 두기의 형식을 달리하는 쌍탑이 동·서로 건립되어 있다. 동탑은 돌을 벽돌모양으로 다듬어서 쌓아 올린 모전석탑의 계열을 취하고 있고, 서탑은 전형적인 통일신라 석탑의 양식이다.

동탑은 탑의 토대가 되는 바닥돌이 넓게 이중으로 깔려 있고, 그 위에 잘 다듬은 돌 여덟 개를 한 단처럼 짜 맞추어 기단부를 이루고 있다. 탑신부의 몸돌과 지붕돌은 각각 돌 하나로 만들었다. 지붕돌은 밑면의 받침과 낙수 면이 모전석탑처럼 똑같이 각각 5단으로 층을 이루고 있다. 이러한 예는 경주 서악리 삼층석탑과 경주 남산 용장 계곡에 복원된 삼층석탑이 있다. 서탑은 이중 기단에 한 면을 둘로 나누어 팔부신중(八部神衆)을 새겼는데 동면에는 야차, 용, 서면에는 천, 가루라, 남면에는 아수라, 건달바, 북면에는 긴나라, 마후라가 등이 조각되어 있다.

탑신은 몸돌과 지붕돌이 각각 돌 하나로 되어 있고 각 층에 모서리 기둥을 조각하였다. 지붕돌 밑면의 층급받침은 5단이다. 통일신라 시대에 만들어진 이와 같은 쌍탑은 대체로 동일한 양식으로 만들어지는 데 비해, 이 동·서 탑은 각각 양식이 서로 달라 주목된다. 최근에는 쌍탑이 될 수 없으며, 동탑이 먼저 8세기 전반에 건립되었고, 서탑은 9세기에 각각 건립되었다는 견해도 있다.

경주지역에 팔부중상이 새겨진 탑으로는 창림사지 삼층석탑, 숭복사지 동·서 쌍탑이 있고, 천관사지 출토 면석, 전 담암사지 출토 면석, 사제사지 출토 면석, 동부동 출토 면석(현재 국립경주박물관 소장) 등에 팔부중상이 새겨져 있다.

염불사지
念佛寺址

    이 절터는 남리절터로 염불사라고 불리는데 염불스님이 있었다고
하여 그렇게 불린다. 『삼국유사』 기록에 삼국시대 경주 남산 동쪽
기슭 한 절에 스님이 계셨는데 법당에 앉아 나무아미타불을 부르는
소리가 서라벌 17만 8,936호에 들리지 않는 곳이 없었다. 이곳에는
동·서로 쌍탑지가 남아 있었으나 동탑의 일부 부재들은 옮겨져 불
국사역 앞 구정로터리 앞에 1963년 복원하였고, 서탑은 무너져 있었
다. 2003년 국립경주문화재연구소 발굴 조사를 통하여 동탑지에서 1
층 옥개석이 깨진 상태로 발견되었다. 2008년 1월 27일 불국사역 앞
복원된 탑을 해체하여 다시 원위치인 이곳으로 옮겨다 서탑과 함께
2009년 5월 복원하였다. 서탑의 사리공은 특이하게 다른 석탑에서
볼 수 없는 2개이며 3층 몸돌의 네모난 사리공이 투공된 것으로 보
아 탑이 건립된 시기는 8세기초로 추정된다. 지금까지 남산 국사골
사지 삼층석탑과 지암골사지 삼층석탑 등 7기의 탑을 복원하였다.

철와끄 鐵瓦谷

철와곡은 통일전과 서출지 사이 계곡을 따라 남산 전망대로 향하는 가파른 길이 철와곡의 시작으로 탐방로 이정표는 있으나 일반적으로 잘 가지 않는 길이라 대나무 숲이 우거져 있다. 절터에는 축대가 일부 보이며 기와편이 있으며 석탑 부재들이 남아 있다.

이곳에서는 1959년 9월 17일 사라호 태풍으로 입구에서 큰 불두가 발견되어 현재 국립경주박물관에 전시 중이다. 불상의 머리는 소발이고 육계는 다소 높다. 백호는 중앙에 부조로 표시하였다. 눈가에는 미소를 띤 것이 다소 이례적이다. 얼굴에 비해서 짧은 코는 다소 파손되었으며, 입술은 매우 두툼하다. 귀는 미완성으로 처리한 듯하며, 현재 불두로 보아서는 대불로 판단되나 좌상인지, 입상인지도 모르며, 일부 학자는 처음부터 불두만 조각하여 제작하였다고도 한다. 조각수법이 다소 거칠어 통일신라 후기 작품으로 추정된다. 불신이 발견되지 않아 의문점들이 많이 남는 불상으로 불두는 현재 높이가 153㎝, 중량은 1.7t이다.

오산곡
鰲山谷

　오산곡은 국사곡 남쪽에 있는 계곡인데, 남산동 쌍탑을 지나 남산
순환도로를 가다 보면 길가에 마애불이 다소 먼 거리에 보인다. 국
사곡 입구에 못 미쳐 바로 왼편이 되는 곳이다. 이정표는 현재 설치
되어 있지 않아 남산 관련 지도를 의존해야만 찾을 수 있다. 현재
바위 능선 상에 마애불이 남아 있는데 거대한 바위에 바위를 몸으로
삼아 얼굴만 살짝 내민 듯 부조로 조각되어 있다. 둥근 얼굴에 코는
납작하고, 두 눈은 감은 듯하다. 통일신라시대 조각수법과는 차이를
보여 고려시대 작품으로 추정된다. 조선시대로 추정한 견해도 있다.

개선사지 석조 약사여래입상
開善寺址

1930년대 전 개선사지 일대에서 옮겨진 것이라 전하며, 현재 국립경주박물관 미술관에 있다.

얇은 장방형의 화강암 판석에 낮은 부조로 조각되어 있는데, 소발의 머리 위에 육계가 있으며, 얼굴은 풍만하며 목에는 삼도(三道)가 있다. 눈과 입술은 다소 경직되어 있다. 오른손은 가슴 앞에 손바닥을 밖으로 하여 있고, 왼손은 배 앞에서 약호를 받쳐 들고 있어 약사불로 보이며 독존인지 주변에 협시가 있는 삼존불인지 명확하지 않으며, 조각수법으로 보아 9세기 후반 불상으로 추정된다.

국사곡
國師谷

국사곡은 남산 순환도로를 가다 남산부석을 알리는 표지판에서 오른쪽 골짜기로 들어서면 된다. 국사곡이란 이름으로 보아 이곳에서 국사들이 배출된 듯하다. 무너져 있던 탑재들을 국립경주문화재연구소에서 발굴 조사를 통해 2002년 삼층석탑으로 복원하였다.

석탑은 단층기단으로 3층 탑신석 안에 사리공이 마련되어 있고, 지붕돌은 층급받침이 4단으로 낙수 면은 완만하다. 9세기 이후에 제작된 것으로 추정되며 주변에는 불상의 대좌편이 남아 있고, 2003년 광배(光背)를 도굴당해 2007년 6월 14일 범인이 검거되기도 했다.

남산부석(浮石)에서 계곡 쪽으로 약간 내려오면 근세에 조성된 것으로 보이는 마애불이 있다. 얼굴이 상당히 길고 코는 매우 짧으며 무표정한 모습이다. 광배나 대좌는 표현하지 않았고 근래작으로 보이며 부석은 전해지는 이야기로 실이 바위 아래로 통과된다고 하나 증명할 방법은 없다.

상사바위 이야기

옛날 국사골 어귀에 집안 식구들이 모두 병으로 세상을 떠나 외롭게 사는 할아버지가 있었다. 할아버지는 동네 아이들을 보면 손자를 보는 듯 귀여워하였다. 동네 아이들도 할아버지를 좋아하고 따랐다. 그중에서도 이웃집에 사는 피리라는 소녀를 퍽 귀여워하였고 피리도 할아버지를 다른 사람보다 더 좋아하였다. 할아버지가 80세를 넘었을 때에는 피리도 자라서 어느덧 꽃다운 처녀가 되었다. 피리는 철이 들면서 외로운 할아버지를 불쌍히 생각하여 맛난 음식이 생겼을 때나 햇과일이 날 때면 언제나 몰래 할아버지께 갖다 드려 기쁘게 해드렸다. 그러던 어느 해 봄에 피리네는 다른 곳으로 이사를 가고 말았다. 할아버지는 돌봐주던 피리가 없으니 견딜 수 없을 만큼 쓸쓸하였다. 다시 오지 않을 것을 알면서도 할아버지는 피리를 기다렸다. 그러던 어느 날 여느 때와 마찬가지로 방 안에 앉아 피리를 줄곧 생각하고 있는데 문이 열리면서 반가운 피리가 들어오고 있었다. 그러나 그것은 피리의 환상이었다. 그 후부터 할아버지 눈에서는 피리의 환상이 사라지지 아니 했다. 그저 자식처럼 귀여워서가 아니고 한 사람의 남성으로서 처녀 피리를 사랑하고 있는 자신을 발견하였다. '이제 며칠 안 가서 낙엽처럼 질 몸이 꽃봉오리같이 피어나는 피리를 사랑하다니 안 될 일이지' 하고 중얼거리면서 다짐해 봐도 헛일이었다. 피리를 그리워하는 마음은 어느새 뱀처럼 기어 나와서 혀를 날름거리며 자신을 괴롭히고 있었다. 피리를 사랑해서는 안 된다는 양심과 피리를 아내로 삼겠다는 욕심이 서로 머릿속에서 쉴 새없이 싸웠지만 끝내 양심을 저버리고 무서운 욕심이 할아버지 마음을 다 차지하고 말았다. 그러던 어느 날 할아버지는 국사곡 산정에 올라가서 피리가 이사 간 마을을 멀리 바라보고 있다가 문득 나무에 목을 매어 죽어 버렸다. 할아버지의 혼은 그곳에 큰 바위가 되어 피리가 살고 있는 마을을 바라보고 서 있었다. 그 후부터 피리는 무서운 꿈을 꾸게 되었다. 눈만 감으면 큰 뱀이 몸을 칭칭 감고 갈라진 혀를 날름거리며 덤벼드는 것이었다. 그 무서운 꿈은 한 번만 꾸고 없어지는 것이 아니고 눈을 감으면 또다시 되풀이되고 하니 피리는 잠을 잘 수가 없었다. 몸은 점점 쇠약해져서 볼품없이 되어 가는데 동리 사람들 사이에는 수군수군 이상한 소문이 퍼지고 있었다. 할아버지가 피리를 생각하다가 죽었기 때문에 그리워하던 생각이 상사뱀이 되어서 피리를 찾아오는 거라는 이야기였다.

오랫동안 밤잠을 자지 못하여 괴로움에 지쳐 있는 피리가 어느 날 몽롱하게 잠이 들었는데 몸을 감고 있던 뱀이 할아버지로 변하면서 "아무리 잊으려 해도 잊히지 않아 죽어 버렸는데 죽어서도 또 잊히지 않아 피리 아가씨를 괴롭히고 있으니 용서해 주시오. 살았을 땐 죽을 길이라도 있더니 이제 죽었으니 죽을 길도 없구려." 하고 눈물을 흘리면서 힘없이 국사곡으로 들어가 바위가 되어 자기를 바라보고 서 있는 꿈을 꾸었다. 피리는 자기를 생각하다가 죽은 할아버지가 죽어서도 마음을 놓지 못하고 괴로워하는 모습을 보고 측은한 생각이 들었다. 피리는 조용히 일어나서 할아버지가 힘없이 가던 길을 따라 국사곡으로 들어가서 정상에 서 있는 그 바위에 올라서서 바위에서 뛰어내렸다. 피리의 영혼은 또 하나의 바위가 되어 큰 바위 옆에 나란히 섰으니 세상 사람들은 이 바위를 가리켜 상사바위라 한다. 지금 큰 남쪽 바위부분에 붉게 보이는 반점이 있으니 그것을 피리의 핏자국이라 한다. 이상의 이야기가 서려 있는 상사바위에 기도를 드리면 사랑이 이뤄진다는 전설이 전해지고 있다.

금송정
琴松亭

　　경주 남산의 아름다움을 볼 수 있는 장소로 금오산의 상선암 위가
있는데 『신증동국여지승람』에 신라 경덕왕 때 옥보고(玉寶庫)가 가
야금을 타고 즐기던 곳이라 하며 단칸 건물이 있던 것으로 추정된다.
은은하고 그윽한 음악소리가 지금도 울려 퍼져 한 마리의 학이 날아
와 춤을 추는 듯하며 마치 선녀가 이곳에 내려온 듯하다고 표현한다.

지암곡 地巖谷

지암골은 국사골 다음 능선으로 일반인들은 잘 찾지 않는 골짜기다. 큰 지바위와 작은 지바위로 나뉘어 있으며, 군데군데 굴 바위 형태의 기도처들이 많다. 돌탑도 쌓여 있고, 무속신앙이 이루어지는 곳으로 기도처로 많이들 찾는다.

근세에 조각된 마애불들이 있는데 하나는 마치 기존 불상의 모습이 아닌 토속적인 모습으로 둥근 얼굴에 눈과 코는 짧고 입을 새겼는데 하나의 선으로 표현하였다. 항마촉지인을 하고 있으며 다리 사이에 부채꼴처럼 두 다리 공간의 둥근 원 안에 '卍' 자를 새겨 넣었고 일반적인 불상의 모습은 아니다. 언제 누가 새겼는지 모르나 근세작품으로서는 아주 재미있게 만든 불상이다. 또 다른 불상이 큰 지바위 서쪽 편으로도 있는데, 불상으로 보기에는 좀 문제가 있는 듯하나 일단 추정을 지장보살상 정도로 할 수 있다.

인물상처럼 보이며, 상반신만 조각되어 있는데, 귀는 두건이 감싸고 있으며 왼손에는 석장 비슷한 것을 들고 있다. 역시 근래에 누군가 조각한 듯한데 알 수 없다. 치성을 드리는 장소로 바위에 무속인들이 새긴 것으로 추정되는 무늬가 새겨져 있는데 상하로 2열의 점

열문을 새기고 중앙에는 태극문양, 별문양, 삼각점문 등을 새겼다.
내용은 무엇을 나타내는지 모르나 치성을 드리는 흔적이 곳곳에 보
인다. 아주 독특한 표현이다.

제2사지 삼층석탑

지암곡에는 복원된 삼층석탑 2기가 있는데, 편의상 제2사지, 제3사지로 부른다. 이곳 2사지 삼층석탑은 이미 일제강점기 때 조사되었으며, 무너져 있는 것을 발굴·조사하여 국립경주문화재연구소에서 2003년에 복원하였다. 단층기단 위에 있으며 지붕돌의 층급받침은 4단이며 2단의 탑신 괴임이 있다. 통일신라 9세기 후반의 탑으로 추정된다.

제3사지 삼층석탑

　큰 지바위 맞은편 능선과 계곡에 흩어져 있던 것을 2003년 국립경주문화재연구소에서 복원하였다. 기단은 자연 큰 바위를 그대로 이용하였으며, 지붕돌은 4단의 층급받침을 나타내었고, 탑신석 양 모서리에는 각각 우주를 표현하였고, 낙수 면의 경사는 완만하다. 모서리에 풍탁을 걸었던 구멍이 있으며, 3층 지붕돌은 노반석과 한 돌로 된 부재가 1980년대 말까지 있었으나 그 후 훼손되어 새로운 부재로 만들어 복원하였다.

제4사지 선각마애입상

남산의 최고봉 금오산(해발 468m) 정상 바로 아래 바위벽(해발 450m)에 위치해 있으며, 높이 235㎝로 자연바위에 선각(線刻)으로 되어 있다. 2005년 2월 6일 발견되었으며, 선각이라 전체적인 윤곽과 옷 주름 정도만 확인이 가능하다. 머리는 계란형에 가까운 긴 타원형으로 두 눈과 코는 도드라진 선으로 표현하였다. 양쪽 귀는 길게 턱까지 내려와 있는 듯하다. 옷은 왼쪽 어깨만 걸치고 있고, 오른손은 가슴 앞에 있고, 왼손은 손바닥이 보이도록 펴고 있는 듯하다. 법의는 길게 마치 날개처럼 12개의 선으로 주름이 잡혀 있고 발은 중앙에서 모여 발끝이 서로 반대 방향을 하고 있다. 보살상으로 추정하며 제작 시기에 대해서는 학자 간에 견해차가 있으며 고려시대 또는 그 이후에 조성된 것으로 추정된다.

승소곡 僧燒谷

승소곡은 칠불암으로 오르는 첫 번째 골짜기 과수원 옆길로 접어 들어 계곡을 지나고 현장에 가면 석조물 일부와 탑의 지붕돌이 남아 있었으나 2006년 4월 지붕돌은 도난당하고 없다. ㄱ자형 대석 일부 는 안상(眼象)이 조각되어 있다. 이곳에는 1930년대 무너진 채 방치 되어 있던 삼층석탑을 1941년 조선총독부 경주분관으로 옮겼다가 1975년 국립경주박물관으로 다시 옮겨다 놓았다. 현장에는 탑이 옮 겨진 것을 기념하여 화강암 석주에 '南山僧燒谷三層石塔址 昭和十 六年七月朝鮮總督府'라고 새겨져 있다. 탑은 안정감이 있고 조각수 법이 아주 우수하다. 1층 탑신에 얇은 부조(浮彫)로 새겨 놓은 사천 왕상 조각이 있는데 매우 섬세하게 새겨져 있으며 이 탑의 특징은 기단과 몸돌에 안상(眼象)을 새긴 것이다. 안상 안에 부조된 사천왕 상을 살펴보면 동방지국천왕이 오른손은 허리에 대고 왼손을 들어 창을 잡고 서 있는 형식이다. 몸에는 갑옷을 입고 있는데, 갑옷에는 비늘이 세세히 잘 표현되어 있다. 건장한 체구에 천의가 유려하게 표현되어 있으나, 섬약하면서도 경직된 분위기를 자아낸다. 남쪽 중 장천왕은 두 다리는 좌우로 넓게 벌리고 정면을 향한 입상이다. 몸에는 역시 갑옷을 걸치고 있는데, 목은 짧아 갑옷 속에 파묻힌 듯 보인다. 왼손은 아래로 내려 주먹을 쥐었고, 오른손은 복부에 대어 손바닥으로 금강저(金剛杵)를 올려놓고 있다. 서방 광목천왕상은 두 다리를 벌리고 정면을 향한 입상인데 오른손은 허리에서 칼자루를 잡았고, 왼손은 가슴에서 칼 중심을 잡고 있다. 체구와 갑옷, 면상(面相) 등은 앞에서와 같다. 북쪽 다문천왕상은 왼손을 어깨 위까지 올려 보탑을 올려놓고 있고, 오른손은 허리에 대고 있다. 역시 정면상인 입상이다. 조각 수법으로 볼 때 수미 세계를 표현한 9세기의 탑으로 추정된다.

천동골 天洞谷

천동골은 승소곡 다음 골짜기로 칠불암 가는 길로 가다 보면 민묘가 길가에 있다. 그 옆길로 접어들어 계곡을 지나면 된다. 계곡 가에는 석탑의 지붕돌과 기단석 일부가 남아 있다. 오른쪽 계곡 비탈진 면에 디딜방아를 구성했던 석 부재가 남아 있는 디딜방아터이다. 당시 산속에서 사용된 사찰의 부엌 용도였는지는 명확하지 않다. 약 50m 정도 더 올라가면 선방터가 있다.

　천동골에는 천동탑이라 하여 자연 돌기둥에 수많은 감실을 파 놓은 것이 2기 있다. 한 곳은 현재 옆으로 누워 있고 하나는 석주형으로 서 있다. 감실에 불상을 모시기에는 작은 크기라 상징적인 천불천탑을 의미하는 것인 듯하다.

봉화끅
烽火谷

봉화곡은 칠불암과 신선암이 있는 골짜기로 남산에서 가장 깊은 골짜기에 속한다. 통일전을 출발하여 무조건 오르면 도착하는 곳이다. 봉화골이란 명칭은 아마도 봉화대에서 유래한 것으로 보이며, 주변으로 고위산이 보인다.

칠불암 마애불상군(七佛庵 磨崖佛像群)

칠불암이란 마애 삼존불상과 앞에 조각된 사방불을 합하여 칠불암이라 이름 지어진 곳이다. 칠불암 앞에는 석등과 탑의 부재들을 모아 세운 탑이 있다. 삼존불 중 본존 좌상은 높이 2.7m이며, 조각이 깊어서 모습이 똑똑하고 위엄과 자비가 넘친다. 대좌의 앙련과 복련의 이중 연화무늬는 지극히 사실적이어서 본존불이 마치 만발한 연꽃 위에 앉은 듯하다. 광배(光背)와 보주의 소박한 무늬를 도드라지게 표현하였고, 머리는 소발에 큼직한 육계가 솟아 있다. 네모진 얼굴은 풍만하여 박진감이 넘치고, 곡선적인 처리는 자비로운 표정을 자아낸다. 목에는 삼도(三道)가 없으며, 어깨는 넓고 강건하여 가는 허리와 더불어 당당한 모습이다. 수인(手印)은 항마촉지인(降魔觸地印)으로 유난히 두 손이 크다. 법의는 우견편단으로 상체의 옷 주름은 계단식이다. 얼굴이 몸에 비해 큰 느낌을 주지만 얼굴 표정은 원만하며 전체적으로 위엄 있는 모습이다. 이 본존불에 대해서 어떤 이들은 아미타여래로, 어떤 이들은 석가여래로 추정하고 있다. 코는 길게 나타나 있는데, 파손된 것을 보수하였다.

오른쪽 우협시 보살은 관음보살상이며, 본존 대좌와 비슷한 연화대 위에 서 있다. 오른손은 자연스럽게 아래로 드리우고 감로병을 쥐었으며, 왼손은 팔꿈치를 굽혀 어깨 높이로 들고 있다. 몸은 본존불 쪽으로 약간 돌리고 있으며, 구슬목걸이로 장식되어 있다. 머리는 삼산두식으로 장식을 하고 왼쪽 어깨에서 비스듬히 승기지가 가슴을 감싸고 그 남은 자락이 수직으로 물결을 그리며 흘러내렸다. 머리 뒤에는 크게 보주형 두광이 새겨져 있다. 왼쪽 좌협시 보살은 대세지보살로 연화대좌 위에 서 있다. 오른손은 연화를 들고 왼손은 옷 자락을 살며시 잡아들고 있다. 삼존불 앞의 사면불은 삼존불에 비해 전체적으로 조각이 정밀하지 못하며, 얼굴과 몸체는 단정하나 몸체 아래로 갈수록 힘이 빠진 느낌이 든다. 네 불상 모두 연화좌에 보주형 두광을 갖추고, 결가부좌하였다. 동면상은 본존불과 동일한 양식으로 통견의가 다소 둔중한 느낌을 주나 신체의 윤곽을 뚜렷하게 표현하였다. 왼손에는 약합을 들고 있어 약사여래로 생각된다. 남면 상은 여러 면에서 동면 상과 비슷하나, 가슴에 표현된 옷의 띠 매듭이 새로운 형식에 속하고 무릎 위의 옷 주름과 짧은 대좌를 덮고 있는 상현좌의 옷 주름이 상당히 도식화되어 있다. 서면 상은 동면 상과 그리고 북면 상은 남면 상과 비슷한데, 북면 상은 다른 세 불상과는 달리 특히 얼굴이 작고 갸름하여 수척한 느낌을 준다. 네 불상의 명칭을 정확하게 알 수는 없지만 방위나 수인으로 보아 동면 상은 약사여래, 서면 상은 아미타여래로 보인다. 남면 상은 아미타여래나 보생여래, 북면 상은 아미타여래나 불공성취여래, 세간왕불로 추정되나 남면 상과 북면 상의 정확한 존명은 학자마다 다양한 의견이 있다. 전체적인 조각수법으로 보아 8세기 중엽의 작품으로 추정되나 680년, 7세기 후반, 8세기 초 등 학자마다 견해차가 있다.

사방불의 윗면은 동쪽과 서쪽 두 모퉁이에 ㄱ자형의 홈이 패어 있고, 또 동·남·북 3면 꼭대기에는 작은 구멍이 파여 있다. 이 유구들로 볼 때 목조로 된 지붕이 있었던 것으로 보이며, 원래 불상이 들어앉을 공간을 만들고 그 안에 모셨을 것으로 추정된다. 삼존불 옆 바위 면에는 사리암(舍利岩)을 비롯한 명문(銘文)들이 있다. 사방불은 단층석탑의 몸돌로 추정하는 견해도 있고 오방불(五方佛)로 보는 견해도 있다. 현재 국보 제312호로 지정되어 있다.

신선암 마애보살반가상
神仙庵 磨崖菩薩半跏像

  칠불암(七佛庵) 위에 곧바로 선 남쪽 바위에 새겨져 있다. 마치 절
벽 위에 새겨져 구름 위에 앉아 하늘에 떠 있는 것처럼 보인다. 머
리에 삼면보관(三面寶冠)을 쓴 보살상으로 얼굴은 풍만하고, 지그시
감은 두 눈은 깊은 생각에 잠긴 듯하다. 오른손에는 꽃가지를 잡고
있으며, 왼손은 가슴까지 들어 올려서 설법하는 모양을 표현하고 있
다. 천의(天衣)는 아주 얇아 신체의 굴곡이 사실적으로 드러나 보이
며 목걸이 등으로 장식을 하였다. 옷자락은 길게 늘어져 대좌(臺座)
를 덮고 있다. 앉아 있는 자세가 유희좌(遊戲座)인데 왼발은 편안히
얹혀 있는 반가부좌로 오른쪽 발은 무릎 의자 아래로 내려 걸터앉은
자세이다. 조각수법으로 보아 통일신라시대 8세기 중엽에서 후반의
작품으로 추정된다. 현재 보물 제199호로 지정되어 있다.

식혜곡 김호 장군 고택
識慧谷 金虎 將軍 古宅

식혜곡은 식헷골, 식화골, 식기곡 등 여러 가지로 불리며 옛 절터
가 남아 있는데 신라시대 식혜(識慧)라는 도승이 있어 그 스님의 호
를 따서 동네 이름을 식혜골이라고 한다.

이 가옥은 400여 년 전에 세워진 것으로 추정되며, 개인의 집으로
서는 가장 오래된 건물 중의 하나이다. 조선 선조 25년(1592) 임진왜
란 때 큰 공을 세웠던 부산첨사(釜山僉使) 김호(金虎) 장군의 생가로
전해지고 있다. 대문을 들어서면 바로 기와집 안채가 있고, 서쪽에 초
가집 행랑채를 두었으며 동북쪽에 사당(祠堂)을 두었다. 안채는 앞으
로 툇간이 없는 4칸 집으로 가운데에 대청이 있는 남부지방의 전형적
인 공간구성이다. 안채는 보 3개의 박공집으로 앞 퇴가 없다는 점으로
보아 오래된 수법으로 볼 수 있다. 행랑채는 3칸 외통집으로 역시 앞
으로 툇간이 없으므로 방 끝 남쪽에 툇마루를 설치하였다. 이곳의 특
이한 점은 부엌에 조명시설인 코쿨이 있으며, 굴뚝을 부뚜막 한쪽에
설치하였다는 점이다. 사당은 홑처마 박공지붕으로 굴도리집이며 낮은
토담에 문을 달았다. 이곳은 원래 신라시대의 절터로 추정되며, 우물
돌 등 많은 석재들이 있다. 중요민속자료 제34호로 지정되어 있다.

사제사지
四祭寺址

사제사지는 사제사(四祭寺)명 암막새의 출토로 인해 사제사로 불리게 되었다. 이곳에서는 팔부중상이 새겨진 석탑의 기단면석이 출토되어 현재 국립경주박물관에 소장되어 있다.

석탑 면석은 긴나라(緊那羅)·마후라가(摩睺羅伽)상 2구로 1면석으로 조성되어 있다. 무복으로 전신을 감싸고 운문대좌를 구비한 좌상들이다.

나정
蘿井

　　나정은 신라의 시조 박혁거세가 태어난 전설을 간직한 유서 깊은 우물이다. 신라가 세워지기 전의 경주지역 일대는 진한의 땅으로 6명의 촌장들이 나누어 다스리고 있었다. 그중 고허촌장인 소벌도리공이 양산(楊山) 밑 나정(蘿井)이라는 우물가에 가 보니 번개 빛처럼 이상한 기운이 땅에 닿도록 비치고 있고, 흰말 한 마리가 땅에 꿇어앉아 절하는 형상을 하고 있었으므로 그곳을 찾아가 조사해 보았더니 거기에는 자줏빛 알 한 개(푸른 큰 알이라고도 함)가 있었다. 그러나 말은 사람을 보더니 길게 울고는 하늘로 올라가 버렸다. 알을 깨고서 어린 사내아이를 얻으니, 그는 모양이 단정하고 아름다웠다. 모두 놀라 이상하게 여겨 그 아이를 동천(東泉)에 목욕시켰더니 몸에서 광채가 나고 새와 짐승들이 따라서 춤을 췄다. 이내 천지가 진동하고 해와 달이 청명해졌다. 이에 그 아이를 박처럼 생긴 알에서 태어났다고 해서 성을 박(朴)이라 하고, 세상을 밝게 한다는 뜻에서 이름을 혁거세(赫居世)라고 하였다. 아이가 열세 살이 되던 해인 BC 57년 왕의 자리에 올라 나라를 세우고 서라벌이라고 이름 지었다.

2002년부터 2005년까지 연차적으로 발굴 조사를 실시하여 주목을 받았는데, 발굴 조사 결과 신라 최고의 제사 시설인 신궁 터일 가능성을 높여 주는 유적이 발굴되었는데, 나정 담벼락 안쪽에서 3곳의 신라시대 우물터를 발굴하였고 팔각 건물지 하부에서 우물터를 추가로 확인했다. 이로써 『삼국사기』 신라 초기 기록인 박혁거세 탄강설화와 관련된 유적일 가능성이 제기되었다. 사적 제245호로 지정되어 있다.

양산재
楊山齋

　　양산 아래 자리 잡고 있으며 6부 촌장의 위패를 모시고 제사를 지내는 사당이다. 6부 촌장은 신라가 건국되기 전 진한 땅에 알천양산촌, 달산고허촌, 취산진지촌, 무산대수촌, 금산가리촌, 명활산고야촌의 여섯 촌을 나누어 다스리고 있었는데, 서기전 57년에 알천 언덕에 모여 알에서 탄생한 박혁거세를 소벌도리공 등 여섯 촌장이 추대하여 신라의 초대 임금으로 삼았다. 그 후 신라 3대 유리왕이 6부 촌장들의 신라건국 공로를 영원히 기리기 위해 6부의 이름을 고치고 각기 성을 내리게 되니 바로 양산촌은 이씨, 고허촌은 최씨, 대수촌은 손씨, 진지촌은 정씨, 가리촌은 배씨, 고야촌은 설씨이다. 이로써 신라에 여섯 성씨가 탄생되었고 각기 시조 성씨가 되었다. 이 사당은 1970년 이들 6촌장을 기리기 위해 건립하였다.

남간사지
南澗寺址

　남간사는 은천동(銀川洞)에 있었다고 하나, 처음 건립 연대는 알 수 없다. 그러나 신라 애장왕(哀莊王)과 헌덕왕(憲德王) 때에 이 절의 승려였던 일념(一念)이 촉향분예불결사문(觸香墳禮佛結社文)을 지은 것으로 볼 때 헌덕왕 이전에 건립된 사찰로 추정된다. 마을 주변이 다 절터로 민가 내에는 아직도 절터의 흔적이 많이 남아 있다.

　주변에서 출토되는 석조물로 보아 8세기에 중창되었던 사찰로 추정된다.

남간사지 당간지주 幢竿支柱

당간(幢竿)은 절에서 불교 의식이 있을 때 불(佛)·보살(菩薩)의 공덕을 기리거나 마귀를 물리칠 목적으로 달았던 '당'이라는 깃발의 깃대를 말하며, 이 당간을 받쳐 세우는 돌

기둥을 당간지주라 한다. 법당 터에서 조금 떨어진 곳에 3.6m 높이의 당간지주는 두 기둥이 동·서로 70㎝의 간격을 두고 마주보고 서 있다. 통일신라 중기인 8세기경에 만들어진 것으로 추정되며, 윗부분과 옆모서리를 다듬었고 꼭대기 안쪽은 '十' 자 모양의 홈을 판 것이 특징이라 하겠다. 아래위에 둥근 구멍을 뚫었는데 그 구조가 단순하며 안정감을 준다. 남산지역에 남아 있는 유일한 당간지주로 보물 제909호로 지정되어 있다. 2010년 6월 주변을 정비하였다.

남간사지 석정
石井

남간사는 신라 신문왕과 효소왕 때의 승려 혜통(惠通)의 집이 있었던 터에 창건한 사찰로 전한다.

이 우물은 지름 80㎝, 높이 40㎝ 크기의 원형 석재 2매로 입구를 만들고 내부는 냇돌로 조성된 우물이다. 경상북도 문화재자료 제13호로 지정되어 있다.

천은사지 天恩寺址

　　천은사지는 남간 마을에서 일성왕릉으로 진입해 맞은편 길로 접어드는 밭에 있다. 이 일대에서 천은(天恩)이라는 명문 기와가 출토되어 그렇게 불린다. 『삼국유사』에 "천은사 서북쪽 산 위에 있는 것은 좌창(左倉)이다."라고 기록되어 있다. 주변에서는 많은 와편들이 발견되며, 고려시대 청동 범종이 수습되어 현재 국립경주박물관에 소장 중이다. 현장에는 방형 주초석과 2열로 초석 8매가 있는데 건물지로 추정된다. 주변 민가에도 이곳의 부재들이 옮겨져 사용되고 있다. 주변에서는 신라시대 와요지가 발견되기도 하였다.

일성왕릉
逸聖王陵

    신라 제7대 일성왕(134~154)은 유리왕의 맏아들로 비(妃)는 지소
례왕(支所禮王)의 딸 박 씨이다. 재위 기간 중 북쪽 변방에 침입하는
말갈을 정벌하려 하였고, 농토를 넓혀 제방을 쌓고 전지(田地)를 개
간하는 등 농업을 권장했으며, 민간 백성들에게는 금·은·보석 등
사치품 사용을 금지하여 사치풍조를 멀리하게 했다. 왕릉은 원형 봉
토분으로 밑 둘레에는 자연석을 이용하여 둘레돌을 둘렀으며 왕릉
앞의 2단 축대는 1973년 이후에 경내를 보호하기 위해 만들어진 것
이다. 사적 제173호로 지정되어 있다.

창림사지 昌林寺址

창림사지는 신라 최초의 궁궐지로 전해지는 유서 깊은 곳으로 통일신라 때 창건하여 고려 때까지 있다가 조선 초기에 폐사되고 탑만 남아 있었다. 조선 순조 24년(1824) 석탑은 사리장엄구를 도굴하려던 도굴꾼에 의해 도괴되었는데, 이때 조탑 사실이 기록된 창림사 무구정탑원기에 "유당대중구년세재을해"라는 내용으로 이 탑이 신라 문성왕 17년(855)에 건립된 것으로 밝혀졌다. 이 절터에는 신라의 명필가 김생이 쓴 사비가 있었으나 지금은 없어지고, 쌍귀부와 많은 주초석만 남아 있다. 절터 앞에는 논밭에 지붕돌 층급받침이 5단인 지붕돌 3개가 논가에 묻혀 있고, 지붕돌 층급받침 3단짜리 지붕돌도 2개가 더 있었다. 탑골이라 전해졌으며 1918년 일본인 오사카긴타로가 창림이라는 사명(寺名)이 양각된 기와를 발견하여 창림사였음이 확인되었다. 『신증동국여지승람』 권 21에도 "금오산 산록에 신라 때의 궁궐터가 있었는데 훗날 그곳에 창림사를 건립하였으나 지금은 폐사되었다."라고 전한다.

현재 1979년 복원된 석탑은 남산에서 가장 규모가 큰 탑으로 이중기단 위에 세운 것으로 통일신라 초기 탑의 하층기단에서 보이는 우

주 2주, 탱주 3주는 이 탑 하층기단에도 동일하게 표현되었고, 상층기단은 탱주 1주씩으로 양분되어 팔부중 좌상이 부조되어 있다. 현재 남아 있는 상층기단의 팔부중상은 천(天)·용(龍)·아수라(阿修羅)·건달바(乾闥婆) 상이다. 모두 무복을 입고 운문대좌를 구비하고 있으나 상층기단면석의 혼란으로 팔부중상의 배치 방향을 파악하기는 어렵다. 1층 몸돌 4면에는 문비와 문고리가 새겨져 있다.

방향		명칭	형태 및 지물
동면	향좌상		
	향우상		
서면	향좌상	천	오른손 어깨까지 들어서 금강저를 들고, 왼손은 허리에 대고 있다.
	향우상	용	머리에는 용 보관을 쓰고, 왼손 어깨에서 결인을, 오른손은 배에 대고 있다.
남면	향좌상	아수라	삼면팔비상으로 최상위 팔은 일월보함을, 둘째 왼팔은 칼을, 셋째 팔은 왼손에 추를, 오른손은 무릎에 대고 있다. 가운데 왼손은 금강저를, 오른손은 배에서 보주를 받치고 있다. 무복이 아닌 여래형 법의를 입고 있으며, 목에는 삼도가 있고 염주를 두르고 있다. 팔목에는 腕釧이 있다.
	향우상		
북면	향좌상		
	향우상	건달파	머리에는 사자관을 쓰고, 왼손은 어깨에, 오른손은 배에 대고 있다.

창림사지 삼층석탑의 건립 연대와 관련하여서는 신라 명필가 김생이 창림사비를 쓴 신라 원성왕 7년(791) 이전에 창건되었으리라 생각된다. 기존의 연구 성과에 의하면, 조선 순조 24년(1824) 창림사 탑에서 발견되었다는 「무구정광대다라니경」 일부와 「무구정탑원기」로 인해 대중 9년 신라 문성왕 17년(855) 건립으로 추정되어 왔다. 그러나 현 창림사지 삼층석탑 1층 탑신석에 마련한 원형 사리공의 크기와는 일치하지 않는다. 이와 관련하여 생각할 수 있는 것은 절터

정면에서 1938년 발견되어 현재 국립경주박물관에 전시 중인 팔부중상(야차, 마후라가, 가루라상)을 새긴 상층기단면석 3구이다. 이로 보아 다른 석탑재가 있었던 그 탑을 말하는 듯하다. 복원된 삼층석탑은 8세기 말(791년 이전), 9세기 초로 추정된다.

창림사지 출토 팔부중상(국립경주박물관소장)

포석정지
砲石亭址

경주시 배동 남산 서쪽 자락에 있으며, 사적 제1호이다. 신라 역대 왕들이 전복 모양으로 생긴 유상곡수(流觴曲水)에 술잔을 띄워 놓고 시를 읊으며 연회를 하던 장소로 알려져 있다. 또한 이궁으로 임금이 행차하셨을 때 머무는 별궁으로도 알려져 있다.

1999년에 국립경주문화재연구소에서 남쪽으로 50m 떨어진 곳에서 포석이란 명문 기와를 비롯하여 많은 유물이 발굴되면서 이곳에 규모가 큰 건물이 있었던 것이 알려지고, 제사에 사용되었을 제기류도 출토되어 포석정이 사당이나 신궁이었을 가능성도 제시되었다.

927년 음력 11월 겨울에 견훤의 군대가 왕경을 쳐들어왔을 때 왕은 궁녀들과 포석정에서 잔치를 벌이느라 적이 오는 줄도 몰랐다가 결국 최후를 맞이한 장소로 알려져 있다. 효종랑을 비롯하여 젊은 화랑들이 풍류를 즐기며 훈련을 하던 곳이라고도 하나 알 수 없다.

또 헌강왕이 포석정에 행차했을 때 남산신(南山神)이 나타나 춤을 추는 모습을 보고 왕이 따라 추었던 데에서 어무산신무(御舞山神舞) 또는 어무상심무(御舞祥審舞)라는 춤이 만들어졌다고 한다. 포석정의 유상곡수에 대해서는 서거정의 시 「십이영가(十二詠歌)」에 나온다.

포석정 앞에 말을 세울 때
생각에 잠겨 옛일을 돌이켜 보네
유상곡수 하던 터는 아직 남았건만
취한 춤 미친 노래 부르던 일은 이미 옳지 못하네
함부로 음탕하고 어찌 나라가 망하지 않을쏜가
강개한 심정을 어찌 견딜까
가며가며 오릉의 길 읊조리며 지나노니
금성의 돌무지가 모두 떨어져버렸네

포석정 하면 유상곡수연(流觴曲水宴)과 놀이 공간 혹은 남산신에
게 제사를 지내는 신성한 사당 그리고 비운을 맞이한 경애왕을 떠올
린다.

지마왕릉
祗摩王陵

신라 제6대 지마왕(112~134)은 성이 박씨로서 파사왕의 아들이다. 포석정(鮑石亭) 가까이에 위치해 있으며, 왕릉은 원형 봉토분으로 별다른 특징은 없다.

왕릉의 위치와 규모 및 형태로 보아 신라 초기에 만든 것으로 보이지는 않으며, 장지(葬地)에 대한 기록은 없다. 사적 제221호로 지정되어 있다.

기암골 사지
碁嚴谷 寺址

　　포석정에서 남산 순환 도로에 이르는 입구 길은 주변이 다 절터이다. 절터명들은 상실 절터라고하며 기암골은 일반인들이 잘 찾지 않는 골짜기 중 하나이다. 2000년 국립경주문화재연구소에서 발굴 조사를 실시하여 석탑의 지붕돌을 비롯해 주변 절터에 흩어져 있던 부재들의 위치를 확인하여 2002년 삼층석탑으로 복원하였다. 9세기 중반에 세워진 것으로 추정되는 삼층석탑은 1층 몸돌에 문비가 조각되어 있고 문고리가 표현되어 있다.

윤을곡 마애불좌상
潤乙谷 磨崖佛坐像

 포석정에서 남산 순환 도로를 따라 올라가면 왼쪽 길가에 윤을곡 마애불이란 이정표가 되어 있다. ㄱ자형 바위에 남향 면에 2구, 서향 면에 1구의 불상이 조각되어 있다.

 본존불은 연화대좌 위에 결가부좌를 했고 가슴은 양감이 없는 편이며 오른손은 마멸이 심하나 손을 들어 설법인 상을 한 듯하고 왼손은 내려 무릎에 걸친 촉지인으로 보인다. 통견인 옷 주름은 어깨에 다소 굵은 선각으로 표현되었고 무릎 아래에서 넓게 U자형을 이룬다. 광배는 2줄의 두광과 신광으로 표현되었다. 가슴 가운데 내의의 띠 매듭은 강조되어 있다.

 우협시불은 본존불보다 조금 작은데, 얼굴이 길고 양감이 있고 미소를 띠어 부드러운 인상이다. 왼손은 배에 대고 둥근 약합(藥盒)을 받쳐 들고 있는 약사여래(藥師如來)이다. 옷은 옷 주름이 무릎까지 U자형으로 흘러내리며, 2줄의 음각선으로 두광과 신광을 새기고 밖에 다시 주형(舟形)의 거신광배를 새겼다. 대좌는 본존불과 같이 앙련과 복련으로 된 연화대좌이다.

 좌협시불은 세 불상 가운데 조각솜씨가 제일 떨어지며, 신체도 양감이 없고 평평하다. 대좌는 연화대좌를 표현한 듯하지만 확실하지 않다. 가운데 본존불의 왼쪽 어깨 광배에 '태화구년을묘(太和九年乙卯 835년)'라는 명문 글자가 새겨져 있어 조성 연대를 알 수 있다. 경상북도 유형문화재 제195호로 지정되어 있다. 태화구년을묘(太和九年乙卯)라는 명문은 1984년 6월 9일 당시 동국대 경주캠퍼스 장충식 교수에 의해 발견되었으며 신라 흥덕왕 10년(835)에 조각된 것임을 알 수 있다.

부엉골 마애여래좌상
富興谷 磨崖如來坐像

　포석정이 있는 골짜기를 포석골(포석계곡)이라 하며, 이곳은 낮에도 부엉새가 운다고 하여 부엉골, 부흥골이라고도 부른다.

　포석골 부흥사 조금 못 미쳐 기암괴석이 밀집되어 있는데 그 가운데 항마촉지인(降魔觸地印)을 하고 있는 여래좌상이 선각되어 있는 바위가 있다. 이 바위는 위에 자연석으로 된 처마가 있어 불상이 비를 맞지 않도록 되어 있는 묘한 자리에 있다.

　불상이 새겨져 있는 바위에 누런 황금색을 띠고 있어 더욱 신비로운 분위기를 자아내 흔히들 황금부엉이 바위라고도 표현한다. 이 불상은 돋을새김을 일부 하고, 옷 주름, 손, 연화대좌는 모두 선각으로 표현하고 있다. 소발의 머리 위에 낮고 둥그스름한 육계가 놓여 있으며, 목에는 2줄의 삼도(三道)가 뚜렷하다. 통견의 법의는 얇아 신체를 부드럽게 감싸고 있다. 결가부좌(結跏趺坐)로 앉은 다리는 전체적으로 안정감을 준다. 왼손은 배 앞에 놓고 손바닥을 위로 향하게 하고 있으며, 오른손은 무릎 위에 얹어 손가락으로 땅을 가리키는 항마촉지인을 하고 있다. 왼쪽 어깨에 띠 매듭을 표현하였고, 조각수법으로 보아 신라 하대나 고려 초기 불상으로 추정된다.

능비봉 일대 절터

현 부흥사가 있는 일대를 능비봉이라 하는데, 능비봉 정상에 오르면 경주 시가지가 다 내려다보이는 높은 위치이다. 무너져 있던 탑재들을 모아 2002년 복원한 오층석탑이 있다. 발굴 조사 결과 기단부를 제외하고 24매의 석재들이 확인되었고, 자연 암반을 기초로 하여 단층기단 위에 복원되어서인지 또 다른 탑의 느낌이다. 주변에는 복원되지 못한 부재들이 놓여 있다.

이곳에서 조금 더 주변을 살펴보면, 동남쪽으로 50m 정도 가면 길가에 쓰러진 사리탑 1기가 있다. 일본인들이 가져가려다 옮겨 놓은 것이라 전하며 원래 위치가 아닌 것이다.

대석과 몸돌로 이루어진 단순한 구조로 일반적인 부도와는 형태가 다소 다르다. 네모난 대석에는 가운데 원형의 사리홈이 크게 뚫려 있다. 탑신은 상부에 지붕돌과 아래 면에는 네모난 대석 홈과 맞는 부분에 파여 있다.

전망대 금오정으로 향하는 등산로를 따라 오솔길로 접어들면 민묘가 있고 대나무 숲 인근으로 절터로 추정되는 곳이 있는데 큰 능비절터로 알려진 곳이다. 이곳에는 석탑의 지붕돌을 비롯한 지대석, 기단 면석 등 탑 부재와 각종 석재들이 남아 있다.

배동 석조여래 삼존입상(拜洞 石造如來 三尊立像)

경주 남산 기슭 선방골 주변에 흩어져 있던 것을 1923년 지금의 자리에 모아 세웠다. 중앙의 본존불은 머리에 이중으로 된 육계가 있으며, 마치 어린아이 표정의 얼굴은 풍만하며, 둥근 눈썹, 아래로 뜬 눈, 다문 입, 깊이 파인 보조개, 살찐 뺨 등을 통하여 온화하고 자비로운 모습을 표현하고 있다. 손을 큼직하게 조각하였는데, 왼손은 내리고 오른손은 들어 올리고 있다. 두툼한 가시는 U자형으로 흘러내리고 있다. 광배는 주형광배(舟形光背)로 구성하였다. 왼쪽의 보살은 머리에 보관을 쓰고 미소를 띠고 있으며, 가는 허리를 뒤틀고 있어 입체감이 나타난다. 오른손은 가슴에 대고 왼손은 내려 보병(寶瓶)을 잡고 있는 관음보살상이다. 오른쪽의 보살 역시 잔잔한 내면의 미소를 묘사하고 있는데, 무겁게 처리된 신체는 굵은 목걸이와 구슬 장식으로 발목까지 치장하였다. 연화대좌 위에 서 있으며, 두광에는 작은 화불 4구가 새겨져 있다.

　　조각수법이 다소 차이가 나 처음에는 이불 형식이었다가 후에 추가로 조성되었을 가능성이 있다고 주장한 학자도 있다. 삼국시대 말기인 7세기 신라 불상으로 추정되며 보물 제63호로 지정되어 있다.

　　현재는 중앙의 불상을 아미타여래(阿彌陀如來), 왼편은 관세음보살상(觀世音菩薩像), 오른쪽은 대세지보살상(大勢至菩薩像)으로 보고 있다. 주변은 1987년 경주문화재연구소에 의하여 발굴조사가 이루어져 고려시대 유물이 수습되었다.

배리마을 이야기

옛날 이 마을의 한 노인이 세상을 떠나므로 효행이 지극한 그의 아들은 아버지가 극락세계로 가시게 하기 위하여 성대한 불공을 드리려고 하였다. 그는 어느 친구인 승려를 찾아 이름 높은 승려를 소개해 줄 것을 간청하였다. 그러자 그 친구인 승려는 쾌락하고 어느 승려한테로 안내하였다. 그런데 안내를 받은 그 이름 높다는 승려는 당장이라도 쓰러질 것 같은 움막 속에서 거지꼴의 한 의복을 걸치고 있었던 것이다. 확실히 그의 친구한테서 조롱을 당하고 있는 것 같다고 오해한 효자 아들은 그 자리에서 그의 친구인 승려를 심하게 책망하였다. 그리고는 이런 거지 중에게는 볼일이 없다고 쏘아붙였다. 그 순간 누더기를 걸치고 있던 그 허름한 노승은 옷자락 속에서 무엇인가 끄집어내어 입김을 불어넣었다. 그러자 그것은 곧 사자가 되었으며, 누더기를 걸친 노승은 그 사자를 타고 어디론가 사라져 버렸다. 사실 그 노승은 문수보살이었던 것이다. 자신의 그릇됨을 그때서야 깨달은 그 젊은이는 그 자리에서 엎드려 그 노승, 즉 문수보살이 사라진 쪽을 향하여 엎드리고는 용서를 구했다. 그로부터 이 마을의 이름을 배리(拜里)라 부르게 되었다고 한다.

석조 관음보살입상
石造 觀音菩薩立像

　　배리석불입상에서 보호각 담장을 돌아 상선암 방향으로 가지 말고 대나무 숲을 지나 약 100미터 정도 가서 오솔길로 접어들면 현재 누운 채로 있으며 관음보살상으로 추정된다. 이미 일제강점기 조사가 되었는데 당시에는 목이 부러진 채 불두가 남아 있었으나 현재는 행방이 묘연하다. 전체적으로 마모는 심하나 옷 주름 표현 등은 살펴볼 수 있다. 오른손은 가슴 앞에 올리고 왼손은 내리고 있으며, 발 아랫부분에는 촉이 있는데 아마 대좌에 꽂았던 것으로 추정된다. 조각수법으로 보아 9세기 후반의 작품으로 추정된다.

선각여래입상
線刻如來立像

선방곡 거의 정상 부분에 있는 큰 바위에 북쪽을 향하여 선각으로 새긴 여래입상이 있다. 1997년 6월 발견되었으며, 전체적으로 마멸이 심하여 햇빛이 비치지 않으며 자세히 확인하기 어렵다. 연화대좌에 서 있으며, 왼손은 배에 오른손은 가슴 위에 얹은 것으로 보인다.

광배는 원형의 두광에 몸에 도 신광을 표현한 듯하다. 허벅지에는 반원형의 옷 주름이 일부 보인다. 바위 생긴 형태가 남근석과 아주 흡사하여 신앙물로 보는 이도 있다. 전체적인 조각수법으로 보아 9세기 후반에 새겨진 작품으로 추정된다. 10세기 초기로 추정하는 견해도 있다.

삼불사 석탑과 망월사 석탑

삼불사 경내에는 각각의 여러 부재들을 모아 조립된 석탑이 있으며 주변에 또 다른 석탑 지붕돌이 있는 것으로 보아 2기 이상의 탑 부재를 이용하여 조립된 듯하다. 지붕돌은 층급받침이 3, 4단으로 달라 더욱 동일 탑재로 보기 어렵다.

삼불사 경내 석탑

망월사 경내 석탑

망월사 경내에도 흔히 연화탑이라 불리는 삼층석탑이 있다. 주변에 8각으로 연못을 만들고 그 가운데에 탑 지대석이 물속에 잠겨 있다. 삼층석탑이나 1, 2층 지붕돌은 원래 탑재인 듯하며, 나머지는 새로운 부재들로 조립한 듯하다. 1, 2층 지붕돌은 층급받침이 4단으로 2번째 옥개받침에 연화문이 조각되어 있어 특이하다. 주변에 또 다른 석탑 지붕돌이 있어 다른 탑이 있었거나 주변 절터에서 옮겨진 것으로 추정되며 탑의 현 상태로 보아 9세기 후반의 석탑으로 추정된다.

삼릉 三稜

　　남산 서쪽 기슭에 신라 제8대 아달라왕(阿達羅王), 제53대 신덕왕 (神德王), 제54대 경명왕(景明王)의 왕릉 3기가 모여 있어 삼릉이라 부른다. 모두 원형 봉토분의 형태이다.

　　아달라왕(재위 154~184)은 백제가 침입하여 백성을 잡아가자 친히 군사를 출동하여 전장에 나아갔다. 그러나 백제가 화친을 요청하자 포로들을 석방하였다. 왜(倭)에서는 사신을 보내왔다.

　　신덕왕(재위 912~917, 박경휘)은 효공왕(孝恭王)이 자손이 없이 죽자 백성들이 헌강왕(憲康王)의 사위인 왕을 추대하였다. 견훤(甄萱)과 궁예(弓裔)의 침입이 있어 싸움에 진력하였다. 두 차례에 걸쳐 도굴을 당하여 1963년에 내부가 조사되었다. 조사 결과 매장 주체는 깬 돌로 쌓은 횡혈식 돌방[橫穴式 石室]으로 밝혀졌다.

　　경명왕(재위 917~927, 박승영)은 신덕왕의 아들로 고려 태조 왕건 (王建)과 손잡고 견훤의 대야성(大耶城) 공격을 물리쳤다. 중국 후당 (後唐)과 외교를 맺으려 했으나 실패하였다. 사적 제219호로 지정되어 있다.

경애왕릉
景哀王陵

신라 제55대 경애왕(景哀王, 재위 924~927)을 모신 곳으로, 밑 둘레가 43m, 지름 12m, 높이가 4.2m 되는 원형 봉토분이다. 남산(南山)의 북서쪽 구릉 말단 인천(麟川)의 동안(東岸)에 위치하고 있다. 왕은 제53대 신덕왕(神德王)의 아들로 927년 포석정(鮑石亭)에서 연회를 베풀던 중 후백제 견훤(甄萱)의 습격을 받아 생을 마쳤다. 사적 제222호로 지정되어 있다.

삼릉계곡 입구 절터

삼릉을 지나 계곡 입구에서 동쪽으로 약 200여 미터 정도 떨어진 지점에 석조 약사여래좌상과 석탑 지붕돌이 일부 매몰되어 있었던 것을 1994년 발견하였고 등산로 변 사람들의 통행이 잦은 곳 길가로 2006년 10월 2일 옮겨 놓았다.

머리 없는 석불좌상

삼릉계곡을 따라 약 300m쯤 오르면 머리가 없는 석불좌상이 있다. 흔히들 목 없는 석불좌상이라고도 한다. 이 불상은 원래 인근 계곡에 어깨의 일부분만이 노출된 채로 파묻혀 있던 것을 1964년 7월 발견하여 이곳으로 옮겨 놓았다고도 한다.

불상은 머리와 두 손은 없어졌지만, 신체는 당당하게 표현되었다. 목에는 삼도(三道)가 뚜렷하고 결가부좌(結跏趺坐)한 자세이다. 법의(法衣)는 통견(通絹)으로 왼쪽 어깨에서 흘러내린 옷 주름이 자연스럽다. 특히 하의(下衣)를 맨 띠의 매듭

과 왼쪽 어깨에서 가사(袈裟) 자락을 매듭지어 무릎 아래로 드리운 두 줄의 가사끈 영총(纓總)은 매우 정교하고 사실적으로 조각되었다.

지장보살상으로 추정한 이도 있으나 여래상으로 보이며, 사실적인 조각수법으로 보아 통일신라시대 9세기 초에 제작된 것으로 추정된다.

마애 관음보살입상
磨崖 觀音菩薩立像

　　머리 없는 석불좌상 왼쪽 옆으로 난 가파른 길을 50m 정도 오르면 뾰족한 바위들이 솟아 있는데, 그중의 한 바위에 관음보살입상을 새겼다. 머리에 쓴 보관에는 화불을 새겨 관세음보살상임을 표시하였고, 계란형에 얼굴은 갸름하며 붉은 칠이 남아 있는 작은 입술에는 미소를 가득 머금고 있다. 오른손은 가슴에 들고 왼손은 아래로 드리운 채 정병을 들었다. 조각수법으로 보아 통일신라시대 9세기 초의 작품으로 추정된다. 경상북도 유형문화재 제19호로 지정되어 있다.

삼릉계곡 선각육존불
線刻六尊佛

　머리 없는 석불좌상에서 약 100m쯤 더 오르면 남산에서는 드물게 선각으로 된 육존 불상이 있다. 자연적으로 생긴 중앙선을 중심으로 동·서의 바위 면을 이용하여 2쌍의 삼존불을 모셨다. 동쪽은 석가 여래 삼존상인데, 안쪽 바위 면 가운데 본존이 오른 어깨에만 법의를 걸치고 연꽃 대좌(臺座)에 앉아 있다. 머리 둘레에 두광(頭光)과 몸 둘레의 신광(身光)을 갖추었으며, 왼손은 무릎에 얹고 오른손을 들어 올린 모습이다. 그 좌우에는 연꽃 대좌에 두광만 그리고 둥근 방울 3개를 꿰어 만든 목걸이를 한 보살 두 분이 서 있다. 왼편에 문수보살은 보관을 쓰고 서서 왼손은 내려서 천의 자락을 잡고 오른손을 가슴에 얹었다. 오른편 보현보살은 왼손을 내리고 오른손을 든 채 연꽃 대좌 위에 서 있다.

　서쪽은 아미타여래 삼존상이다. 앞쪽 바위 면 가운데 본존이 서고 좌우의 보살은 꿇어앉은 모습으로 그려져 있다. 본존은 연꽃 위에 서서 왼손은 아래에, 오른손은 위에서 서로 마주보게 하고 두광만 원으로 그렸다. 왼쪽 관음보살은 여래를 향하여 왼쪽 무릎을 꿇고 앉았으며, 오른쪽 대세지보살은 오른쪽 무릎을 꿇고 앉아 꽃 쟁반을 받쳐 들고 있는데 두광만 그렸으며 목에는 구슬 2개를 꿰어 만든 목걸이를 하였다. 바위 위에는 벽면으로 물이 흐르지 않도록 홈이 나 있고, 얇은 구멍이 있는 것으로 미루어 보호 전각 시설이 있었던 것으로 보인다. 현세불과 내세불을 표현한 것이라는 견해도 있으며 조각수법으로 보아 통일신라시대에 제작된 것으로 추정된다. 경상북도 유형문화재 제21호로 지정되어 있다.

삼릉계곡 선각여래좌상
線刻如來坐像

이 불상은 선각마애 육존불에서 위쪽으로 약 500m 떨어진 높은 지점에 서쪽을 향해 앉아 있는 마애여래좌상이다. 바위 면의 중간쯤에 가로로 갈라져 홈이 파여 있는데, 위쪽에 불상을 조각하였으며, 연꽃 대좌의 아랫단은 홈 아래에 걸쳐 있다.

얼굴 부분은 돋을새김을 하고 몸은 얕은 돋을새김인데 나머지는 선으로 처리하였다. 머리 뒤에는 둥근 두광을 나타내었다. 옷은 양 어깨에 걸쳐진 통견으로 양손의 손목까지 덮고 있다. 고려시대의 작품으로 추정된다. 경상북도 유형문화재 제159호로 지정되어 있다.

삼릉계곡 선각마애불
線刻磨崖佛

　　이 불상은 삼릉계곡 석불좌상이 있는 곳에서 동쪽으로 약 35m 되는 곳에 위치하고 있다. 불상은 높은 벼랑 위에 남향으로 솟은 큰 바위 면에 얕게 선각되어 있어 등산로 쪽에서 보면 아침 한때나 석양 무렵에 일시적으로 그 모습을 볼 수 있을 정도로 보기가 어렵다. 얼굴은 둥근 편인데 육계와 백호를 간결한 선으로 표현하였다. 불상을 새기는 데 어려움이 많은 곳이라 옷 주름도 간략하게 표현하였다. 아랫부분이 표현되지 않은 듯하여 미완성 작품으로도 보는 견해도 있으며 고려시대 초기 작품으로 추정된다.

삼릉계곡 석조 약사여래좌상
藥師如來坐像

이 불상은 삼릉계곡 중간쯤 상
선암 마애대불 건너편 바위 면에
마련된 좁은 터에 있었던 것을
1915년 서울로 옮겨 현재 국립중
앙박물관에 소장 중이다. 경주 남
산에서 가장 완전하게 보존된 불
상으로 머리는 넓적한 육계가 새
겨져 있고, 전체에 나발을 조각하
였으며, 원만한 얼굴에 근엄한 표
정이다. 미간에는 백호가 조각되
어 있다. 삼도(三道)가 새겨진 목

은 다소 짧다. 가사는 우견판단으로 앞가슴은 드러내고 승기지는 표
현하지 않았다. 왼손은 배 앞에서 오른발 위에 얹고 약그릇을 들었
던 것으로 보이며, 오른손은 오른쪽 무릎에 내려 촉지인을 하고 있
다. 광배(光背)는 이중선으로 돌리고 단순한 불꽃무늬를 조각하였다.
조각수법으로 보아 통일신라 8세기 말의 불상으로 추정된다.

삼릉계곡 석불좌상
石佛坐像

　　삼릉계곡의 왼쪽 능선 위에 있는 석불좌상으로 화강암을 조각하여 만들었다. 머리에는 작은 소라 모양의 머리칼을 붙여 놓았으며 정수리 부근에는 큼직한 상투 모양의 머리묶음이 자리 잡고 있다. 얼굴은 풍만하고 둥글며, 코와 턱 부분은 보수되었으며 두 귀는 짧게 표현되었다. 옷은 양 어깨에 걸쳐 입고 있으며, 옷 주름 선은 간결하게 표현되었다. 허리는 가늘고 앉은 자세는 안정감이 있다. 일제강점기인 1923년과 근년에 복원됐지만 원형이 훼손되었다.

　　대좌(臺座)는 상·중·하대로 구성되었는데, 상대에는 화려한 연꽃무늬를 조각하였으며, 8각 중대석은 각 면에 간략하게 안상(眼象)을 조각하였다. 하대는 단순한 8각 대석으로 되어 있다. 안정된 자세 등 조각수법으로 보아 8~9세기에 만들어진 통일신라시대의 작품으로 추정되며 보물 제666호이다. 국립경주문화재연구소에서 주변지역을 발굴 조사하여 2008년 12월 29일 원형 복원하였다.

삼릉계곡 삼층석탑

    이 탑은 1930년대 국립경주박물관으로 옮겨진 이후 막연히 삼릉계곡 출토로 전해졌으나 2007년 7월 6일 국립경주문화재연구소에서 삼릉계곡 석불좌상(보물 제666호) 유적에 대한 발굴 조사를 통하여 국립경주박물관 야외전시장에 세워진 석탑의 원래 위치를 확인했다.

    발굴된 석탑부재는 석불좌상 남서쪽 아래의 추정 석탑지에서 파편상으로 2점이 출토되었는데, 국립경주박물관 야외전시장에 있는 삼릉계 석탑의 기단부와 탑신부에 결합되는 것으로 확인되었다. 발굴된 석탑부재 중 기단부의 것은 길이 22㎝, 두께 10㎝의 삼각형을 이루며 상대 갑석의 모서리부분에서 떨어져 나온 것으로 보인다. 추녀마루의 곡선 등으로 볼 때 통일신라 하대에 제작된 것으로 보인다.

삼릉계곡 선각보살입상
線刻菩薩立像

  상선암에서 마애대불로 올라가는 길가에 있는데 허리 이상이 결실되었고 바위 전체가 옆으로 누워 있다. 옷자락 일부가 선명하게 보이며 영락 장식으로 보이는 장식이 늘어져 있어 보살상으로 추정된다.

삼릉계곡 마애석가여래좌상
磨崖釋迦如來坐像

　이 불상은 흔히 상선암 마애대불이라 불린다. 남산의 북쪽 금오봉 (金鰲峰)에서 북서쪽으로 뻗어 내리다가 작은 봉우리를 형성한 바둑 바위의 남쪽 중턱에 위치해 있다. 자연 암반을 파내어 광배(光背)로 삼았는데 깎아내다가 만 듯이 거칠다. 높이 7m로 삼릉계곡에서는 가 장 큰 불상이다. 머리는 거의 둥글게 조각되어 광배 바위 면에서 떨 어진 듯하고, 어깨 부분은 광배 바위 면에서 조금 떨어지게 하였는 데 나머지 몸은 바위 면에 그대로 붙여서 선으로 그리듯이 조각하였 다. 풍만한 얼굴에 눈썹은 둥글고, 눈은 반쯤 뜨고 코는 오똑하고, 작은 입은 굳게 다물었다. 민머리에 턱은 주름이 지고 귀는 어깨까 지 큼직하다.

　옷은 양 어깨에 걸친 통견으로 가슴부의 벌어진 옷 사이로 속옷의 매듭이 보인다. 오른손은 엄지와 둘째, 셋째 손가락을 굽혀 가슴에 올 렸고 왼손은 무릎에 얹었다. 결가부좌(結跏趺坐)한 양다리의 발 표현 과 연꽃대좌가 아주 특이하다. 머리는 따로 조각하고 몸 부위는 있는 자연석 그대로 조각한 것으로 보아 통일신라 말 9세기 이후에 조각된 것으로 추정되며, 경상북도 유형문화재 제158호로 지정되어 있다.

상선암 마애선각여래좌상

마애선각여래좌상은 삼릉계곡의 마지막 유적지인 것 같다. 경상북도 유형문화재 제158호로 지정된 상선암 마애대불에서 서쪽으로 약 12m 거리에 높은 바위를 이용하여 선각으로 조각되어 있다.

불상은 둥근 두광(頭光)을 두르고 머리에는 육계와 백호가 있으며, 반달 같은 눈썹 밑에 가늘게 뜬 작은 눈이 있다. 가사는 통견이며 주름이 반원을 이루면서 무릎 위까지 표현되었다. 결가부좌한 넓은 무릎 밑에는 연화좌가 있는데 전체적으로 안정된 자세이다. 1980년 말에 발견되었다고 하며 험준한 곳에 있는 바위를 이용한 까닭에 깊게 조각하지 못한 것으로 보이며, 오랜 세월을 지나면서 바위에 균열이 생겨 불상의 모습을 찾아보는 데 어려움이 많다. 조각수법으로 보아 9세기 후반 이후로 추정된다.

상사암과 석불입상
想思岩

상사바위는 상 사병에 걸린 사 람이 바위에 빌 면 무조건 낫는 다 하여 많은 이 들이 빌고 있으 며, 동남편 산신 당(產神堂) 명문

및 산아당(產兒堂)에는 아기를 낳는 모양을 돌에 새겨 놓고 자손을 얻고 자 빌었던 것이라 한다. ㄱ자로 생긴 암벽에 몇 줄의 글자가 새겨져 있다.

함풍 6년 조선 철종 7년(1856) 병진년 사월에 기도하여 다음 해인 정사년(1857) 사시에 김응현이 7명의 아들을 낳았다는 내용으로 갑 자년(1864) 4월 9일에 새겼다. 동북 면에는 감실(龕室)이 새겨져 있고 석불입상이 있는데 오른손은 시무외인으로 들고 왼손은 여원인을 한 손 모양이다. 가슴 앞에서 흘러내린 옷 주름 표현 등으로 보아 9세 기 불상으로 추정된다.

입곡 笠谷

　입곡은 삼릉 소나무 숲 일대 인근에 있으며 흔히 삿갓골이라고 부른다. 석조 여래입상이 파손되어 있어 주변이 절터임을 알 수 있다.

　입곡 석불두(石佛頭)는 언젠가 파괴되어 주변에 흩어져 있던 것을 1997년 상반신과 하반신 그리고 대좌를 한곳에 모아 시멘트 받침 위에 올려놓았다. 불상 옆의 연화문 대좌(臺座)에 불상의 발을 끼웠던 직사각형의 구멍이 있는 것으로 보아 입상으로 보인다.

　머리에는 상투 모양의 머리묶음인 육계가 우뚝 솟아 있고 부드럽고 균형이 잡힌 얼굴을 하고 있다. 목에는 삼도(三道)가 뚜렷하며, 옷은 양 어깨에 걸치고 있고 우아한 곡선을 그리고 있다. 광배에는 작은 부처(化佛)가 연꽃 모양의 대좌에 앉아 합장하고 있는 모습과 하늘로 날아오르는 모습이 조각되어 있다. 반달 같은 눈썹 밑에 가늘게 뜬 작은 눈이 있다. 가사는 통견이며 주름이 반원을 이루면서 무릎 위까지 표현되었다. 결가부좌한 넓은 무릎 밑에는 연화좌가 있는데 전체적으로 안정된 자세이다. 전체적인 조각수법으로 보아 통일신라시대 전성기인 8세기 중엽에 만들어진 것으로 추정된다. 경상북도 유형문화재 제94호로 지정되어 있다.

입곡 입구 광배편

경애왕릉 옆 입곡 입구 도로변에 있는 숭모재(崇慕齋) 내부에는 음각선으로 원형의 두광이 표현된 광배가 남아 있다. 작은 화불(化佛)이 1구 새겨져 있는데 대좌와 광배가 있으며 두 손은 배 앞에 모으고 있다.

약수계곡 마애입불상
藥水溪谷 磨崖立佛像

약수계곡의 약수는 눈병에 좋다고 알려져 있으며 약수계곡에는 모두 5곳의 절터가 있다. 금오산 정상에서 내려오는 계곡의 바위 면에 높이가 8.6m나 되는 거대한 불상이 새겨져 있는데 현재는 머리 부분이 없어지고 어깨 아랫부분만 남아 있다. 머리는 따로 만들어 붙인 듯 목 부분에 머리를 고정시켰던 구멍이 뚫려 있다. 바위 면의 양옆을 30㎝ 이상 파내어 불상이 매우 도드라지게 보이며, 손이나 옷 주름 표현에서도 깊게 돋을새김을 하여 입체감이 뛰어나다. 왼손은 굽혀 가슴에 대고 오른손은 내려서 허리 부분에 두었는데, 모두 엄지, 검지, 약지를 맞대고 있다. 옷은 양 어깨에 걸쳐 입고 입으며, 옷자락이 어깨의 좌우로 길게 늘어져 여러 줄의 평행 주름을 만들고 있다. 가슴 부분에는 부드러운 U자형 주름이 무릎 가까이까지 촘촘하게 조각되었으며, 다시 그 아래로 치마와 같은 수직의 옷 주름이 표현되어 있다. 이와 같이 신체를 감싼 옷 주름은 규칙적인 평행선이어서 다소 단조롭고 도식적이기는 하지만 선이 분명하며 유려하다. 조각수법으로 보아 9세기 후반의 불상으로 추정된다. 경상북도 유형문화재 제114호로 지정되어 있다.

석조여래좌상

약수계곡 축대를 앞에 두고 동남쪽에 머리가 잘린 석불좌상과 사각의 대좌가 있다. 언제 도괴되었는지 알 수 없지만 이미 일제강점기에 조사가 되었으며, 결가부좌에 앉아 오른손은 일반적인 항마촉지인, 왼손은 무엇인가 받쳐 든 손 모양을 하고 있어 석가여래나 약사여래불로 추정된다. 법의는 우견편단으로 얇고 부드러우며 머리는 잘록하고 건장한 체구이다. 대좌는 계곡으로 중대석과 상대석이 떨어진 곳을 옮겨다 놓은 것이라 하며 중대석에는 4면에 안상(眼象)을 모각하고 그 안에 천인상으로 추정되는 것을 새겨 놓았다. 조각수법으로 보아 통일신라 9세기 후반의 불상으로 추정된다.

비파곡
琵琶谷

    비파곡은 현재 4군데 절터와 석탑 4기가 알려져 있는데, 잠늠골에 2001년 복원된 석탑이 있다. 높은 바위산 정상 부분에 자연 바위를 기단석으로 삼아 복원된 석탑이다. 지붕돌 층급받침은 4단이며 3미터가 조금 넘는 소형 탑이지만 멀리서도 보이는 위치에 있어 바위산 아래 모두를 기단부로 삼은 듯하다. 9세기 후반에 제작된 것으로 추정된다. 남쪽으로 2미터 정도 떨어진 곳에 석등지로 추정되는 곳이 있다. 주변에 석가사지와 불무사지가 있다.

용장계곡 열반곡
涅槃谷

　　용장계곡은 열반골, 법당골, 절골, 탑상골, 은적골 등으로 나뉜다. 열반골은 옛날 신라에 한 각간(角干)이 있었는데, 그에게는 사랑하는 외동딸이 있었다. 어려서부터 마음씨도 고와 여러 사람들의 사랑을 독차지하고 자랐다. 꽃다운 나이를 맞이하니 그 아름다움은 마치 꽃구름을 타고 하늘에서 내려온 비천(飛天)인 듯하였다. 이렇게 맑고 깨끗한 처녀에게 뭇 남자들은 사랑을 호소하고 권력으로 혹은 금력으로 유혹하기도 하며 성가시게 굴었다. 마침내 처녀는 시끄럽고 더러운 속세를 떠나서 부처님의 세계인 열반에 살 것을 결심하고 아무도 모르게 집을 나섰다. 부모님의 따스한 사랑도, 여러 사람의 존경도, 화사하게 장식된 향기 나는 머리도 다 끊어 버리고 오직 맑고 청정한 부처님의 나라를 찾아서 들어선 곳이 이곳 열반골이었다. 금빛으로 수놓은 화려한 옷과 은빛의 과대며 요패(腰佩)도 벗어 버리고 잿빛 나는 먹물 옷으로 갈아입었다. 그리고 이 골짜기로 발을 옮겼다. 아무리 머리를 깎고, 잿빛 나는 먹물 옷을 입었다 하더라도 숨길 수 없는 것은 꽃다운 나이에 무르익은 살 향기였다. 애타는 처녀의 살 냄새를 맡은 뭇 짐승들이 길을 막고 으르렁거렸다. 처녀는 죽는 한이 있더라도 돌아서지 않을 것을 결심하고 짐승들을 피해 가면서 산으로 깊이 들어갔다. 골짜기가 깊을수록 무서운 맹수들이 길을 막고 으르렁거리며 덤볐다. 그러나 부처님 나라를 동경하여 정진(精進)하는 처녀는 맹수들이 우글거리는 그 무서운 산속에서도 부처님을 찾아 부르면서 길을 찾아 들어갔다. 집을 떠나 오랫동안 무서움과 괴로움을 참아 견디고 오직 부처님만을 부르며 정진한 처녀는 드디어 맹수들의 계곡을 벗어나서 부처님 나라로 통하는 산등성이에 오르게 되었다. 그곳에서 지팡이를 짚고 오는 할머니를 만나 그의 안내로 고개를 넘어 천룡사에 이르게 되니 그것이 바로 하늘에 떠 있는 열반의 세계다. 처녀는 마침내 모든 번뇌를 말끔히 씻어 버리고 열반의 세계에 들어 보살이 되었다는 것에서 열반골로 불린다. 열반골에는 현재 관음사가 있다. 이곳에는 호랑이 바위, 거북이 바위 등 많은 바위들과 용왕당, 대웅전, 산신각이 있으며 은적암(隱寂庵) 터에서 옮겨진 곳이라 전하는 탑의 지붕돌 4매가 있다. 지붕돌의 받침은 4단과 3단으로 되어 있고, 9세기 후반의 탑으로 추정된다.

용장계곡 법당골
法堂谷

용장리와 가장 가까운 법당골 사
지는 무너진 석축이 있고, 현재 국
립경주박물관에 전시 중인 약사여
래좌상이 출토된 곳이기도 하다.

이 석불좌상은 1929년 옮겨져 두
부와 몸이 따로 전시되던 것이 1975
년 현재의 모습으로 갖추어졌다. 연
화대좌 위에 결가부좌하고 앉아 있
으며, 촉지인의 자세로 왼손은 오른
발 위에서 약호를 들었다. 머리에는
육계가 솟아 있고 살찐 둥근 얼굴에
목에는 삼도(三道)가 새겨져 있다. 신체에 비해서 큰 광배는 당초무
늬와 불꽃무늬를 돋을새김하였다. 대좌는 두 겹으로 된 8각의 지대
석 위에 복련을 조각한 하대석을 얹고 기둥을 모각한 8각의 중대석
을 세웠다. 조각수법으로 보아 8세기 말에서 9세기 초의 작품으로
추정된다.

용장계곡 절끝

절끝

　　용장마을에서 용장사지 삼층석탑을 찾아가는 계곡에서 가장 먼저 만나는 유적이다. 왼쪽으로 난 작은 계곡을 따라가면 3단으로 조성된 건물지와 석조 약사여래좌상이 있다. 계곡 중간에는 하층기단석 1매와 지붕돌 1매가 있다.

석조 약사여래좌상

이 불상은 1940년 조사된 보고서에 의하면 불상 옆에 직사각형의 연화대좌가 묻혀 있는데, 복련의 하대석 위에 중대석을 얹고 그 위에 앙련대석을 올렸다. 중대석 4면에 새긴 사천왕상은 아직도 묻혀 있다.

머리는 없어졌지만 가슴은 당당하고 허리는 잘록한 편이다. 법의는 통견으로 옷자락이 무릎까지 덮고 있다. 오른손은 항마촉지인을 하고 왼손에는 약합을 받쳐 들고 있다. 조각수법으로 보아 9세기 불상으로 추정된다.

석불두 石佛頭

1925년 발견되었다고 전하며, 현재 국립경주박물과 미술관에 전시 중이다. 민머리에 낮은 육계가 표현되었고 이마에는 둥근 백호 자리가 남아 있다. 둥근형의 얼굴에서는 미소가 번져 난다.

눈 주변 표현이 상당히 두툼하게 표현되었고, 입술 아랫부분 이하는 결실되었으나 조각수법으로 보아 8세기 후반의 불상으로 추정된다.

용장계곡 탑상골
塔上谷

용장사지가 있던 곳이다. 용장사는 감산사와 더불어 법상종 계통의 사찰로 경덕왕 때 대현(大賢)스님이 주석하였다고 전한다. 조선시대 생육신의 한 사람인 매월당(梅月堂) 김시습(金時習)이 은거하며 『금오신화(金鰲神話)』를 집필한 곳으로 유명한 사찰이다.

절터에서는 용장사(茸長寺)라는 사명이 기록된 명문기와가 다수 발견되고 있다. 현재 삼층석탑과 석불좌상, 마애불좌상이 있다.

용장사지 삼층석탑

경주 남산(南山) 서편 용장사(茸長寺) 절터 산꼭대기 정상 봉우리 끝에 서 있다. 이 탑은 하층 기단을 생략하고, 자연 암석 바위에 직접 괴임을 마련하여 위층 기단면석을 받치게 하였다.

탑신부의 각 층 몸돌과 지붕돌은 각각 한 돌이다. 1층 몸돌은 상당히 높은 편인데, 네 모서리에 우주가 있을 뿐이고, 2층 탑신은 급

격히 줄어들었다. 지붕돌은 받침이 각 층 4단이고 추녀는 직선이며 전각 윗면에서 경쾌하게 반전되어 있다. 상륜부(相輪部)는 모두 없어졌는데, 3층 지붕돌 꼭대기 상면에 찰주공(擦柱孔)이 남아 있다.

1923년 속에 든 보물을 훔치려던 일당에 의해서 무너져 있던 것을 1924년에 재건하였다. 당시의 조사에 의하면, 2층 몸돌 윗부분에 한 변 가로 15.2㎝, 세로 13.1㎝의 방형의 사리공(舍利孔)이 있었다고 하지만 사리장치는 없어진 지 오래였다 한다. 2001년 해체·수리·복원되었다. 보물 제186호로 지정되어 있으며 멀리서 산을 보면 보이니 천상에 만든 탑으로 주변 자연과 절묘한 조화를 이루고 있다.

용장사지 석불좌상

삼륜대좌불이라고도 불리며 자연석 기단 위에 3층의 둥근 원판을 대좌(臺座)처럼 만들어 그 위에 석불좌상을 안치하고 있는데 제일 위층 복판은 연꽃을 돌아가면서 조성하였다.

머리는 없어졌으나 양호한 상태이다. 신라 대현(大賢)스님이 이 석불의 주위를 돌면 불상의 머리도 따라 돌았다는 유명한 미륵 장육상으로 추정하는 이도 있다. 오른손은 무릎에 얹고 왼손은 촉지인으로 보이며 통견(通肩)의 법의(法衣)는 옷자락이 4각형의 대좌를 덮어 상현좌(裳懸座)를 만들고 있다. 왼쪽 어깨에 표현된 띠 매듭은 사실적이다. 1924년 복원한 것을 조각수법으로 보아 8세기 중엽의 작품으로 추정된다. 보물 제187호로 지정되어 있다.

용장사지 마애여래좌상

용장사지 삼륜대좌불 북쪽에 기암과 괴석으로 솟아 있는 바위봉우리가 있다. 이 바위 평평한 면에 동남쪽을 향해 연화대좌 위에 결가부좌로 오른쪽 발만 보이게 앉아 있다. 비교적 섬세한 돋을새김으로 조각되어 있고, 광배(光背)와 대좌(臺座)를 모두 갖추고 있다.

불상의 머리 모양은 나발(螺髮)의 형태를 하고 있으며, 육계는 분명하지 않다. 목에는 삼도(三道)가 있으며, 귀는 눈에서 목까지의 높이로 상당히 길게 표현하였다. 왼손은 다리 위에 얹고 오른손은 무릎 위에 얹어 손끝을 아래로 하여 지상을 가리키고 있는 항마촉지인(降魔觸地印)상을 하고 있다. 법의는 통견으로 매우 얇게 처리된 의습인데, 옷 주름 선들을 일정하게 평행시킨 평행 밀집의 옷 주름이다. 조각수법으로 보아 8세기 중엽에 조성된 것으로 추정되며 학자에 따라 9세기 후반, 고려 초로 보기도 한다. 불상 옆면 신광 오른쪽에는 세로로 3행으로 된 '太平二年八月' 명문이 있는데 마멸 상태가 나빠서 잘 판독되지 않으나 977년 또는 1022년이라는 사실을 알게되었다. 이 기록을 불상을 수리한 사실을 기록한 것이라는 견해도 있으며, 보물 제913호로 지정되어 있다.

용장계곡 은적골
隱寂谷

　용장계곡 은적골은 절곡을 지나 열반골과 용장골로 가는 소로로 나뉘는 곳에서 오른쪽 계곡으로 접어들면 나타나는 골짜기다.

　골짜기의 이름은 조선 단종(端宗) 때 생육신의 한 명인 매월당 김시습(金詩習)이 숨어 살았다고 하여 은적골이라 한다. 절터는 축대와 가파르게 오르면 민묘 옆에 무너진 탑재들이 있다. 탑재는 상대갑석 1매와 지붕돌, 몸돌이며 주변에는 초석이 있다. 지붕돌은 네 면에 각각 우주(隅柱)가 양각되어 있고 상면 중앙에는 방형 사리공이 있다. 지붕돌은 층급받침이 3단이며 상면에 1단의 각형 몰딩이 있다. 안내자 없이는 찾아가기가 어려운 곳 중 한 곳이다.

대연화대
蓮花臺

    용장사지에서 맞은편 순환도로를 바라다보면 보이는 연화대는 순환
도로를 걷다 보면 왼쪽 길 산 정상 암반 위에 있다. 흔히 이 봉우리를
삼화령(三花嶺)으로 추정하기도 하는 곳이다. 또한 충담사(忠談師)가
차 공양을 하였던 생의사지(生義寺址)일 것이라는 주장도 있다. 연화
대좌에는 두 겹의 연화문 16개가 복련으로 조각되어 있으며 둘레에는
인공적으로 구멍을 판 흔적도 보인다.

용장계곡 못골 모전석탑

용장계곡에서 백운대로 이어지는 길과 칠불암으로 가는 갈림길에서 조금 떨어진 곳에 작은 저수지가 있고 언덕 위에 무너져 있던 것을 2002년 국립경주문화재연구소에서 복원하였다.

지붕돌은 전탑형의 특징을 보이는 상하 모두 층급받침이 처리되어 있다. 발굴 조사 결과 지대석은 7매로 결구되었으며, 지대석 위에는 8매의 석재를 육면체로 결구하여 기단석을 만들었으며 기단석 내부에도 활석으로 빈 공간을 채웠다. 탑신받침 위로 1층 탑신이 있는데 중앙의 상면에는 방형의 사리공이 마련되어 있다. 용장계곡 제17절터, 지곡 제3사지라고도 한다.

경주 남산에 복원된 석탑은 국사곡 4사지 삼층석탑, 오산계 지암곡 2사지 삼층석탑, 오산계 지암곡 3사지 삼층석탑, 용장계 지곡 3사지 삼층탑, 비파곡 2사지 삼층탑, 포석계 기암곡 2사지 삼층탑, 포석계 포석곡 6사지 오층탑 등 계곡 옛 절터에 그대로 복원되었다.

틈수골 와룡사
臥龍寺

　　내남면 용장3리 틈수골에서 천룡골 입구에 와룡동천(臥龍洞天)비가 있고 와룡사에 2기의 석종형 승탑이 있다. 천룡사 부도군에서 옮겨온 것이라 전하나 확실히 알 수는 없다. 조선 후기 19세기에 제작된 것으로 추정된다. 운암당대사대백탑(雲巖堂大師大伯塔)은 법당 앞 연못 위에 있으며 거의 원통에 가깝고 상부는 3단으로 처리하였다. 탑신 표면에 운암당대사대백탑(雲巖堂大師大伯塔)이라는 당호가 음각되어 있다. 한월당대사선문탑(寒月堂大師善文塔)은 산신각 뒤편에 있는 승탑으로 전형적인 종형이며 상부에는 보주가 있다. 탑신 표면에 한월당대사선문탑(寒月堂大師善文塔)이라는 당호가 음각되어 있다.

천룡골 천룡사지
天龍寺址

　천룡사는 『삼국유사』에 남산 남쪽의 제일 높은 봉우리를 고위산 (高位山)이라 하고, 산 남쪽의 절을 고사(高寺) 또는 천룡사(天龍寺) 라 기록하고 있다. 1996년부터 1997년까지 국립경주문화재연구소의 발굴 조사 결과 7개소의 건물 터를 확인하였다. 현재 삼층석탑과 귀부, 대형맷돌, 돌절구, 석조, 초석, 부도군 등이 남아 있다. 1990년 탑 안에서는 매우 특이한 형태의 팔면 감실 소석불과 은제 보살상이 출토되어 경주 동국대박물관에 전시되어 있다.

　보살상은 금동관음보살상으로 알려졌으나 2005년 11월, 은으로 주조된 것으로 밝혀졌는데 화려한 관을 쓴 보살의 눈은 거의 감은 듯 하고 코는 오똑하며 입은 다소 작으며 귓불을 감싸며 어깨로 흘러내린 머리카락과 옷 주름의 표현이 자연스럽고 섬세하다. 오른손과 대좌 일부가 훼손됐을 뿐 완전한 모습의 고려시대 13~14세기로 추정되는 관음보살 좌상은 높이 9㎝이다. 이 불상은 다리와 팔이 윤왕좌라는 특이한 자세를 취하고 있다.

2기의 승탑이 저수지 아래 남아 있는데, 조선 후기에 제작된 것으로 추정된다. 1680년 천룡사는 분황사 보광전 중수에 관여했다. 17세기 말에서 18세기 초까지 불사가 있은 것으로 보아 이 시기에 건립된 것으로 추정된다. 경선당응대사탑(慶禪堂應大師塔), 월화당지원대사탑(月華堂知圓大師塔)이다.

천룡사지 삼층석탑

　이 석탑은 단층기단 위에 3층의 몸체 돌을 형성한 일반형으로 통일신라시대에 만들어졌다. 원래 천룡사 터에 넘어져 있던 것을 1990년 동국대학교 경주캠퍼스 박물관에 의해 탑 주변을 발굴 조사하여 단층기단의 3층탑임을 확인하고 1991년 9월에 현재의 모습으로 다시 세웠다. 지붕돌은 층급받침이 5단으로 상면에는 2단의 굄과 전각에는 부드러운 반전을 표현하였다. 통일신라시대 특유의 경쾌한 모습인 것으로 보아 9세기 초에 만들어진 것으로 추정되며, 탑의 높이는 6.75m이다. 보물 제1,188호로 지정되어 있다. 2006년 6월 7일 국립경주문화재연구소에서 주변을 발굴해 1층 탑신석의 결실된 부분을 찾아냈다.

양조암골 일대
陽朝庵谷

양조암골 일대는 많은 넝쿨이 우거져 있으며, 일반인들은 찾지 않았으나 주변 열암곡에서 마애불이 발견되면서 알려지기 시작한 곳이다.

내남면 노곡리 백운대 마을에서 백운암으로 올라가는 길 중간 오른쪽에 위치한 골짜기 좁은 오솔길로 이어진 등산로를 따라 10여 분 정도 오르면 만난다. 축대가 이어지고 축대 남쪽 아래에는 동강 난 채 굴려져 있는 불상과 주변에 연화대좌 광배편이 조각으로 흩어져 있다. 불상은 항마촉지인을 하고 결가부좌를 한 것으로 보이며 현재

는 가슴 윗부분과 오른팔, 오른쪽 무릎 부분이 결실되어 있고 그나마 남아 있는 부분도 마멸이 심하여 알아보기 어렵다. 왼쪽 무릎의 옷 주름 표현으로 보아 9세기 후반의 불상으로 추정된다.

대좌는 방형의 복련대석으로 사방에 연화문이 새겨져 있다. 중대석은 각 모서리에 우주를 모각하고 내부에 신장상(神將像)을 새겼다. 중앙의 신장상은 정면으로 무릎을 꿇어앉아 있는 듯하며 파괴가 심하여 나머지 부분들은 확인이 되지 않는다. 광배는 주형 거신광 형태로 추정되며 역시 파편으로 남아 있다. 주변에서는 다수의 기와편이 확인된다. 여기에서 약 400여 미터 떨어진 곳에는 1, 2, 3층의 지붕돌 3매와 1층 탑신석, 상층기단 갑석, 상층기단면석, 하층기단 갑석 등이 그대로 남아 있으며 9세기 탑으로 추정된다.

열암곡 석불좌상
列岩谷 石佛坐像

    이 절터의 유래는 알 수 없으며 흔히 새갓골이라 불리며 이곳에 석불좌상의 법의(法衣)는 편단우견이며 결가부좌한 상태에서 항마촉지인(降魔觸地印)을 하고 있다. 광배는 주형거신광(舟形擧身光)으로 광배 전체에 당초문(唐草文), 운문(雲文) 가장자리에는 불꽃무늬가 있다. 상대석은 앙련(仰蓮)의 단판 복엽연화문이 새겨졌다. 하대석은 복련(覆蓮)으로 처리되었는데, 24개의 연화문이 도드라지게 새겨졌다. 2005년 10월 23일 석불 좌상 아래쪽 37m 지점에서 불상의 머리[佛頭]가 발견되었다. 발견 당시 불두는 나발이 표현된 뒷머리 일부가 바위틈에 노출된 채 호상은 땅바닥을 향하고 있었다. 불두의 크기는 잔존 높이 62㎝, 너비 41㎝, 목 지름 33㎝이며 코와 왼쪽 턱 일부, 목 뒤쪽 일부가 결실된 상태였다. 조각수법으로 보아 8세기 말 또는 9세기 초에 조성된 것으로 추정된다. 경상북도 유형문화재 제113호로 지정되어 있으며 2008년 국립경주문화재연구소에서 주변지역을 발굴 조사하여 2009년 1월 29일 복원하였다.

마애불상
磨崖佛像

    열암곡 석불좌상 일대에 대한 발굴 조사 결과 통일신라 때 제작된 것으로 추정되는 대형 마애불상을 2007년 5월 30일 국립경주문화재연구소에서 발견했다. 발견한 대형 마애불상은 약 70톤에 이르는 암석 중 한 면에 약 5m 높이의 여래입상을 돋을새김한 작품으로 현재 암석이 넘어진 상태로 부조된 부분이 땅과 맞닿아 정확한 형태가 가려진 채 불과 30~40㎝ 밑 땅속에 묻혀 있었던 것으로 확인됐다. 천년 이상을 땅속에 묻혀 있던 까닭에 풍화의 영향을 받지 않아 보존 상태가 매우 양호하다. 목의 삼도(三道) 표현, 가슴에 얹은 왼손의 엄지손톱 부분이 생생하게 남아 있는 것과 배 아래로 떨어지는 U자형의 평행 옷 주름이 뚜렷한 것, 발과 대좌 부분 그리고 발을 가로로 조각하고 발톱이 생략된 점 등으로 보아 8세기 후반에서 9세기 초의 불상으로 추정된다.

침식곡 석불좌상
寢息谷 石佛坐像

경주시 내남면 노곡리 백운암(白雲庵) 동쪽의 골짜기인 침식곡에 있는데, 심수골 혹은 석수암골이라고 부르는 골짜기이다. 현재 머리 부분은 없으나 나머지 부분은 보존 상태가 양호하다. 이곳 주변은 가장 높은 고위봉이 동쪽에서 뻗어 내린 것으로 백운암을 찾아 올라가는 길가에 안내 이정표가 설치되어 있다. 결가부좌를 하고 앉아 있으며, 목에는 삼도(三道)가 뚜렷하다. 왼손은 손바닥을 위로 향하여 배에 대고, 오른손은 무릎 위에 얹어 손가락이 땅으로 향하는 항마촉지인(降魔觸地印)의 수인(手印)을 하고 있다. 법의(法衣)는 오른쪽 어깨를 드러낸 우견편단(右肩偏袒)으로 옷 주름이 유려하게 계단 모양을 이룬다.

대좌는 상·중·하대로 마련되어 있고 복련의 단판 연화문이 부각된 통석(通石) 하대석 위에 통석 팔각 중대석을 놓았으나 3조각으로 깨져 있다. 그 위에 앙련(仰蓮)의 단판 8엽 연화문이 조각된 상대석이 놓였다. 가슴 등 신체 형태 표현과 계단식 옷 주름, 상대석의 연화무늬 장식 등 조각수법으로 보아 9세기 초에 조성된 것으로 추정된다. 경상북도 유형문화재 제112호로 지정되어 있다.

별천룡골
別天龍谷

경주시 내남면 노곡리 마을 동쪽에 있으며, 백운암 표지판을 보고 가다가 갈림길에서 오가리골 계류를 따라가면 된다. 포장된 길을 따라가면 폐가가 되어 버린 민가 1동이 있고, 민가에서 소로를 따라가면 민묘가 나오고 갈림길이 나오는데, 민묘를 바라보고 직진하면 서향한 절터가 나타나며 우거진 넝쿨을 헤치면 주변에 탑재들과 초석, 장대석, 기단석 등 각종 부재들이 있다. 일반인들은 찾기 어려운 곳에 있어 안내자가 필요한 곳이다. 많은 부재 중 눈에 띄는 것은 석탑의 지붕돌인데, 건물지로 추정되는 곳에서 남쪽에 지붕돌 3매와 탑신석 2매, 상층기단 갑석, 하층기단 면석 지대석 1매가 남아 있고, 또한 자연 경사를 따라가면 계곡 아래로 지붕돌 3매, 기단면석 2기가 남아 있으나 일부는 땅속에 묻혀 있어 자세히 알 수 없는 실정이다. 탑신석은 양쪽에 우주(隅柱)를 각출하였고, 1, 2, 3층의 지붕돌은 모두 5단의 층급받침을 하고 있다. 9세기 때의 작품으로 추정된다.

감문왕 정씨 시조묘 주변 석탑재

경주시 내남면 노곡 2리에 진한 사로육부촌장 중 취산진지촌장이 모셔진 재궁(齋宮)이 있어 재궁 마을이라 불리는 곳으로 감문왕 경주 정씨 시조묘가 있는데 이곳 일대는 삼밭골, 수영골 절터라 부른다. 신라개국공신 정씨시조는 낙랑후(樂浪候, 諱智伯虎)의 묘소가 있는 곳으로 묘소 주변으로 탑재의 하층 기단석 1매, 상층 기단석 2매, 안상(眼象)이 새겨진 배례석(拜禮石) 1매 등이 있다. 주변 절터에서 옮겨진 것으로 보이며 민묘 상석 주위로는 난간석(欄干石) 2매도 있다.

마석산 삼층석탑
磨石山

백운 마을에서 백운계(白雲溪)로 들어가기 전 백운암 가는 길로 이정표를 삼아 가다 보면 금천사란 표지판이 보이고, 금천사에서 약 500여 미터 정도 오르면 대곡(竹谷)에 이른다. 가장 상류에 절터로 추정되는 넓은 대지가 있는데 1982년 복원된 삼층석탑이 있다. 석탑은 단층기단으로 각형 2단 받침의 장대석에 새 부재로 우주(隅柱)만 표현하여 기단면석(面石)을 올리고, 그 위는 2매로 결구되는 기단 갑석(甲石)을 올려놓았다. 2·3층 탑신석은 새로이 부재를 만들어 사용하였다. 1·2·3층 지붕돌은 모두 층급받침 4단이며, 상부에는 각형 2단의 탑신받침을 갖추고 있다. 낙수면(落水面)은 비교적 원만하며 끝에서 살짝 반전하였다. 9세기의 작품으로 추정된다.

마석산 전북명사지 석탑재
磨石山 傳北栗寺址

경주시 내남면 명계1리 탑거리 마을에 있는 탑 부재들로 민가 옆에
모여 있다. 지대석, 기단 갑석, 지붕돌 2매 등 다양한 부재들이 있으나
모두 돌무더기와 잡풀 등에 쌓여 있어 재대로 확인하기 어렵다. 지붕
돌은 규모가 엄청나며, 층급받침이 5단이다. 주민들 증언에 따르면 인
근에서 옮겨져 일부는 민가에 다른 용도로도 사용하였다고 한다.

백운대 마애불입상
白雲臺 磨崖佛立像

　　백운대(白雲臺) 동쪽 마석산(磨石山) 용문사에 있으며 머리는 소발 (素髮)로 크고 둥근 육계가 있으며, 두 귀는 길게 늘어져 있다. 둥근 얼굴에는 반쯤 뜬 눈, 눈썹에서 이어져 내려온 큰 코, 굳게 다문 입 술 등이 뚜렷하게 새겨져 있다. 목에는 삼도(三道)가 표현되어 있으 며, 법의(法衣)는 통견(通肩)을 걸친 듯하며, 왼쪽 팔목에 세 가닥의 층단 주름을 나타내고 있다. 오른손은 손바닥을 정면으로 하고 손가 락을 위로 향하게 했으며, 왼손은 손바닥을 정면으로 한 채 손가락 은 모두 아래로 향한 시무외인(施無畏印)·여원인(與願印)이다. 이유 는 알 수 없으나 중도에 포기한 듯하나 완성되어 있는 얼굴, 신체의 모습 등으로 미루어 통일신라시대 9세기의 작품으로 추정된다. 전실 (前室)이 갖추어진 석굴사원으로 미완성 불상이 아니라 두터운 회칠 을 하고 그 위에 장엄한 불상으로 주변 수습 유물로 보아 700년경에 제작되었다는 견해도 있다. 경상북도 유형문화재 제206호로 지정되 어 있다.

부록

경주 남산 개관

경주 남산은 산 자체가 노천 불교문화유적지요, 민속신앙의 대상이 되는 산이요, 자연 속에서 늘 같이하는 불국정토를 이루는 산이다.

경주평야 남쪽에 우뚝 솟아 있는 산으로 크게는 고위산(494m)과 금오산(468m) 두 개의 봉우리가 솟아 있고, 동남산과 서남산으로 나뉜다. 옛 당시 서라벌을 지키는 역할을 담당하기도 하였으며, 40여 개가 넘는 많은 계곡에는 숱한 사연과 전설을 지닌 불상과 탑, 절터 등이 현재 흩어져 있어 무수한 불교문화 유적들이 산재해 있다.

누군가 한국 불교의 원류를 찾고 싶다면 경주 남산에 가 보라는 말이 있을 정도로 경주 남산은 신라시대의 불교유적지이며, 또한 신라의 흥망성쇠를 같이하였는데, 시조 박혁거세의 탄생설화가 있는 경주 나정(蘿井)을 비롯해 신라 최초의 궁궐터인 창림사지, 경애왕이 최후를 맞은 곳으로 알려진 포석정지가 있다. 조선시대 매월당 김시습이 기거하면서 『금오신화』를 썼다는 용장사지도 남산 유적의 빼놓지 않는 곳이다. 신라인들의 불국토의 염원을 가득 담은 산, 오르고 올라도 늘 못다 본 유적이 있는 산, 그리 높지 않은데도 자연과 신앙의 일체가 이루어져 독특한 분위기를 자아내는 명산이다.

동쪽에서 출발하여 서쪽으로 하산

통일전 출발 – 서출지 – 남산리쌍탑 – 염불사지(남리사지) – 칠불암 – 신선암 – 용장계 못골 복원 탑 – 백운암 – 천룡사지 삼층석탑 – 관음사 – 용장마을

동쪽의 유적

국립경주박물관출발 – 인용사지 – 불곡 감실여래좌상 – 탑곡 마애조상군 – 미륵곡 석조여래좌상, 보리사마애불 – 화랑교육원 내 감실 – 헌강왕릉 – 정강왕릉 – 통일전 – 서출지는 도보코스나 차량으로 2~3시간 내에 모두 가능하다.

서쪽의 유적

　나정 – 창림사지 – 포석정 – 지마왕릉 – 배리석불입상 – 삼릉 – 삼릉계곡 머리 없는 석불좌상 – 마애관음보살입상 – 선각육존불 – 마애여래좌상 – 선각마애여래좌상 – 상선암마애여래좌상 – 상사바위 – 금오산정상 – 용장사지(혹은 약수계곡 마애대불로 하산).

포석정에서 전망대

　포석정출발 – 윤을곡 마애삼존불 – 부엉골 마애선각 여래좌상 – 부흥사 – 늠비봉 복원탑 – 늠비봉 큰 절터 – 전망대(금오정).

상서장에서 해목령으로

　국립경주박물관 – 상서장 – 전삼화령(삼존출토지) – 남산성(남산신성) – 해목령 – 늠비봉 – 전망대

단거리 구간

용장마을 - 절골 약사여래좌상 - 용장사지(석불좌상, 삼층석탑, 마애불) 왕복 3시간 소요

틈수마을 - 와룡사 - 천룡사지(석조귀부, 부도, 삼층석탑) 왕복 2시간 30분 소요

남산동 쌍탑 - 칠불암 - 신선암 왕복 3시간 30분에서 4시간 소요

국사골(복원된 삼층석탑) - 상사바위 - 지암골(복원된 석탑) 3시간에서 4시간 소요

복원된 석탑을 찾아

2002년 전후로 복원된 석탑을 찾아가는 답사로 일부 계곡은 안내자가 필요하다.

국사곡 4사지 삼층석탑

오산계 지암곡 2사지 삼층석탑

오산계 지암곡 3사지 삼층석탑

용장계 지곡(못골) 3사지 삼층탑

비파곡 2사지 삼층탑

포석계 기암곡 2사지 삼층탑

포석계 포석곡 6사지 오층탑

잘 알려지지 않은 계곡의 유적

양조암골(파손된 석불좌상) - 열암곡(새갓골 복원된 석불좌상, 마애불) - 침식곡(석불좌상) - 별천룡골(석탑재)

용장계곡 은적골(석탑재) - 현재 출입금지구간 내 위치해 있다.

경주국립공원 관리사무소에서 이정표 정비를 최근 잘해 놓았고 통일전 입구와 서남산주차장(삼릉 맞은편)에 남산 안내소가 있어 주말이면 남산 관련 지도와 안내를 하고 있다.
경주남산 관련 유료 안내문의: woon5400@hanmail.net

참고문헌

윤경렬, 『경주 남산』(하나)(둘), 대원사, 1989.

윤경렬, 『경주 남산의 탑골』, 열화당 1991.

윤경렬, 『겨레의땅 부처님땅』, 불지사 1993.

國立文化財研究所, 『慶州南山의 佛敎遺蹟』I (塔 및 塔材調査報告書), 1992.

國立文化財研究所, 『慶州南山의 佛敎遺蹟』II(西南山 寺址調査報告書), 1997.

國立文化財研究所, 『慶州南山의 佛敎遺蹟』III(東南山 寺址調査報告書), 1998.

신영훈, 『경주 南山』, 朝鮮日報社, 1999.

黃壽永·金吉雄, 『慶州南山 塔谷의 四方佛巖』(특별전도록4), 通度寺 聖寶博物館, 1990.

國立慶州博物館, 『特別展 慶州南山』, 1995.

國立慶州文化財研究所, 『慶州南山』, 2002.

김환대(金煥大)

경북 경주 출생이며 대학에서 고고미술사학을 공부하고 대학원에서 역사교육을 전공하였다.
경주문화유적답사회장, 관광칼럼니스트, 문화재 해설사로 문화유적답사 관련 단체에서 활동하고 있다.
문화재 관련 강의와 어린이 문화체험 학습, 삼국유사 현장기행 답사를 진행하고 있다.
문화유산답사회 우리얼 대구 · 경북지역장을 맡고 있다.

『내 고향의 전설』 시리즈, 『영천의 문화유적 알기』, 『포항의 문화유적 알기』,
『한국의 불상』, 『한국의 탑』 시리즈, 『사찰 문화재 총람』 외 다수

경주 남산

초판인쇄 | 2010년 10월 12일
초판발행 | 2010년 10월 12일

지은이 | 김환대
펴낸이 | 채종준
펴낸곳 | 한국학술정보㈜
주　소 | 경기도 파주시 교하읍 문발리 파주출판문화정보산업단지 513-5
전　화 | 031) 908-3181(대표)
팩　스 | 031) 908-3189
홈페이지 | http://ebook.kstudy.com
E-mail | 출판사업부　publish@kstudy.com
등　록 | 제일산-115호(2000. 6. 19)

ISBN　978-89-268-1564-9　03980 (Paper Book)
　　　978-89-268-1565-6　08980 (e-Book)